普通高等学校机械类一流本科专业建设创新教材

CATIA V5 实体造型
与工程图设计

（第三版）

李苏红　编著

左春柽　主审

科学出版社

北京

内 容 简 介

本书结合编者多年 CATIA V5 教学和实践经验，在第一、二版的基础上进一步优化结构、充实内容、精选实例编写而成。

全书围绕"实体造型"和"创建与实体相关联的工程图"两个中心内容进行编写，分为三大部分：第一部分介绍 CATIA V5 软件基本知识；第二部分详细介绍 CATIA V5 软件的草图设计、零件设计、曲线与曲面设计，以及装配设计四个工作台中常用工具命令的使用方法和具体应用；第三部分根据国家标准有关技术制图"图样画法"相关规定，详细介绍由机械零部件或建筑构件的实体模型创建相关工程图的创成式制图方法。

本书可以作为高等工科院校相关工程类专业的 CATIA V5 三维设计与制图的教材，也可供从事 3D 打印、机械设计及制造、装配式建筑设计等工作的工程技术人员以及其他对 CATIA V5 三维设计感兴趣的广大读者参考使用。

图书在版编目（CIP）数据

CATIA V5 实体造型与工程图设计 / 李苏红编著. —3 版. —北京：科学出版社，2023.3
普通高等学校机械类一流本科专业建设创新教材
ISBN 978-7-03-075227-7

Ⅰ. ①C… Ⅱ. ①李… Ⅲ. ①机械设计－计算机辅助设计－应用软件－高等学校－教材 Ⅳ. ①TH122

中国国家版本馆 CIP 数据核字（2023）第 047489 号

责任编辑：朱晓颖 / 责任校对：王 瑞
责任印制：赵 博 / 封面设计：迷底书装

科 学 出 版 社 出版
北京东黄城根北街 16 号
邮政编码：100717
http://www.sciencep.com
北京富资园科技发展有限公司印刷
科学出版社发行 各地新华书店经销
*
2008 年 2 月第 一 版 开本：787×1092 1/16
2023 年 3 月第 三 版 印张：14
2024 年 7 月第十七次印刷 字数：326 000

定价：49.80 元

（如有印装质量问题，我社负责调换）

前　言

CAD 技术已被公认为 21 世纪全球最杰出的工程技术之一，其研究、开发和推广应用水平影响着一个国家科技现代化和工业现代化的发展。CAD 技术现已广泛应用于工程设计的各个领域，产生了巨大的社会经济效益。CAD 使传统的产品设计方法和生产模式发生了革命性的变化，已成为实现制造业信息化的基础。

3D 打印和产品轻量化设计的基础都是数字化的三维实体模型。

在机械、土木、水利工程等领域，作为设计与制（建）造中工程与产品信息载体的工程图样，是产品设计、制造、运维、质检以及管理的重要技术文件。传统的尺规绘图已被 CAD 取代，而基于实体模型的创成式制图方法，即由机械产品或建筑构件的实体模型创建与之相关联的工程图样，已成为主流的成图方法。

学习使用三维 CAD 软件进行实体造型和工程图设计，已成为每一位工程技术专业的理工科大学生必须掌握的一项基本技能，不懂 CAD、不会使用 CAD 这一现代设计工具将在行业发展中寸步难行。

CATIA 是全球范围内的一款 CAD/CAE/CAM（计算机辅助设计/计算机辅助工程/计算机辅助制造）一体化的三维设计软件，在机械制造、航空航天、汽车制造以及房屋建筑等领域有着广泛的应用。

党的二十大报告提出："实施科教兴国战略，强化现代化建设人才支撑。"本着用当代先进的设计方法武装工程技术人员的头脑，推广和应用先进 CAD 技术的理念，有必要结合实际，对本书进行修订，以方便教学，受益读者。

本书介绍 CATIA V5R21 实体造型的基本方法，进而介绍机械零部件和建筑构件的建模方法和技巧，最后介绍当代最先进的 CAD 制图方法——创成式制图。

全书内容分为三大部分：第一部分介绍 CATIA V5 软件基本知识；第二部分详细介绍 CATIA V5 软件的草图设计、零件设计、曲线与曲面设计和装配设计四个工作台中常用工具命令的使用方法和具体应用；第三部分根据国家标准有关技术制图"图样画法"的相关规定，详细介绍机械零部件或建筑构件的创成式制图方法。书中配有 CATIA V5 主要工具命令的应用实例，并列出具体操作步骤，适合自学使用。

本书第一版于 2008 年 2 月出版，获吉林大学本科"十一五"教材建设规划项目资助。本书第二版于 2018 年 1 月出版，获吉林建筑大学教学质量工程项目资助，采用新形态教材形式编写，除用文字和图形讲解 CATIA 三维 CAD 设计与制图方法外，更是借助网络和数字化手段，将基本工具命令用法、实例操作过程的视频以二维码形式嵌入其中，极大方便了读者学习。增加了建筑构件的实例，用于机械工程和土木建筑工程相关专业学生的三维 CAD 教学。

本书第三版得到科学出版社的立项支持，主要在第二版基础上增加了如下两方面内容：

增加机械和建筑专业的零件设计、装配设计及工程制图的上机实训内容；增加第 2～4 章所有上机实训的实体造型示范操作视频。

CAD 实操能力的强弱，主要取决于掌握科学绘图方法和实际上机训练的多寡。而向读者传授绘图方法的有效手段，莫过于教师的引导、启发和实操示范。本书上机实训的实体造型示范操作二维码视频，集编者多年 CAD 教学经验和娴熟技能，突破纸质教材"文字+图形"叙述和讲解的局限，更加易于读者接受和理解。

本书有如下特色：

(1)实体造型按照工程制图课程体系，由基本体→组合体→机械零件和建筑构件→装配体的顺序由易到难展开。

(2)为突出实体模型的空间方位，在应用实例的模型图右下角附带其坐标轴，便于读者了解模型的摆放姿态。

(3)按照国家标准有关机件表达方法的规定，详细介绍创建实体的视图，以及剖视图、断面图以及规定画法等工程图的创成式制图方法。该法用于辅助工程制图教学，效果显著。

(4)详细介绍创建与装配体实体相关联的一个工程图文件中所包含的装配图及其全部零件图的创成式制图方法，该法是当代最先进的成图技术。

(5)通过二维码技术，将涉及的关键操作和应用实例演示视频嵌入书中，用以加强理解、提升教学质量。

(6)配有丰富的上机实训练习题，并将第 2～4 章的所有上机实训的示范操作视频以二维码形式嵌入书中，便于读者学习和参考。

另外，为便于读者练习和参考，书中实例和习题的源文件，读者可访问 http://www.sciencereading.cn，选择"网上书店"，检索图书名称，在图书详情页"资源下载"栏目中获取。

本书由李苏红编著，左春柽主审。作者先后在吉林大学和吉林建筑大学从事 CATIA 三维 CAD 教学和培训工作，共二十余年，积累了丰富的教学经验和娴熟的操作技能，在第二版嵌入的近 90 个二维码视频基础上，本版又新增了 50 余个上机实训的示范操作二维码视频，包括草图和基本体(第 2 章)、组合体(第 3 章)以及机械零件和建筑构件(第 4 章)等所有上机实训的实体造型建模过程，实操性强，技术含量高，期待这些示范操作对提升读者 CATIA 三维实体造型操作技能有所裨益。

特别感谢：广东工业大学钟慧湘，吉林大学孟祥宝，吉林农业大学胡晓丽，吉林工商学院刘天明，长春大学贺春山和张雁，嘉兴学院于影，浙江农林大学暨阳学院蔡云光，以及吉林建筑大学图学教研室全体同事的反馈意见、支持与帮助。

由于编者水平有限，书中难免存在疏漏与不足，敬请读者批评指正。

编　者
2023 年 7 月于长春

目　录

第1章

CATIA V5 软件介绍与基本操作

本章介绍 CATIA V5 软件基本功能、软件启动方法、用户界面及其定制、通用工具栏、软件基本操作以及文件管理等内容。

1.1　CATIA V5 软件简介

1.1.1　CATIA V5 软件概况

CATIA 是 Computer Aided Three-dimensional Interactive Application 的缩写，直译为计算机辅助三维交互应用程序，由法国达索系统(Dassault Systemes)公司开发，并由美国 IBM 公司负责销售，是全球范围内的一款 CAD/CAE/CAM(计算机辅助设计/计算机辅助工程/计算机辅助制造)一体化的三维设计软件。

达索系统公司成立于 1981 年，其前身是法国达索飞机制造公司的 CAD/CAM 部门，其产品覆盖了整个产品的生命周期，提供产品生命周期管理 PLM(Product Life-cycle Management)解决方案，其中的 CATIA 是达索系统公司的旗舰产品，它覆盖机械设计、外观设计、家用产品设计、仪器与系统工程、数控加工、分析及仿真等。目前，CATIA 已经成为 CAD/CAM 领域最优秀的系统软件之一，是国际高端 CAD 软件的领头羊，在航空及造船工业中具有垄断地位，并占据汽车工业相当大的份额。

从 1982 年到 1988 年，达索系统公司相继发布了 CATIA V1、V2 和 V3 三个版本，并于 1993 年发布了功能更强大的 V4 版本，运行于 UNIX 平台。为迎合市场需要，达索系统公司于 1994 年重新开发全新的 CATIA V5 版本，使界面更加友好，功能也日趋强大，可以运行于 UNIX 和 Windows 两种平台上，它是围绕数字化产品和电子商务集成概念进行系统设计的，可为数字化企业建立一个针对产品整个开发过程的工作环境。

CATIA 具有众多功能强大的模块，模块总数从最初的 12 个增加到现在的 140 多个。广泛应用于航空航天、汽车制造、造船、机械制造、建筑、电子、电器以及消费品行业，包括大型的波音 747 飞机、火箭发动机，小型的化妆品包装盒等，它的集成解决方案几乎覆盖所有的产品设计和制造领域。

值得一提的是 CATIA 三维设计的两个应用案例：一个是美国波音公司的大型客机波音 777，使用 CATIA 完成了整个飞机的零部件设计和电子装配，创造了业界的一个奇迹，开创了世界无图纸生产的先河；另一个是中国国家体育馆(鸟巢)建筑工程，应用 CATIA 成功地解决了复杂空间结构、扭曲构件与特殊节点的建模问题，创造了 CATIA 异形建筑应用的奇迹。CATIA 在众多领域广泛而独特的应用，确定了它在 CAD/CAE/CAM 行业的领先地位。

1.1.2　CATIA V5 软件的启动及用户界面

启动软件

CATIA V5 的 PC 版是标准的 Windows 应用程序,通常可通过双击 Windows 操作系统桌面上的 CATIA 应用程序快捷图标 启动该软件。注意:这种方法启动速度相对较慢,往往会给用户造成程序没有运行的假象,容易导致多次重复启动。为避免该现象发生,建议初学者用鼠标右击该应用程序的快捷图标 ,在快捷菜单中选择"打开"菜单项,静等 CATIA 软件启动。进入 CATIA V5 系统后的用户界面如图 1-1 所示。

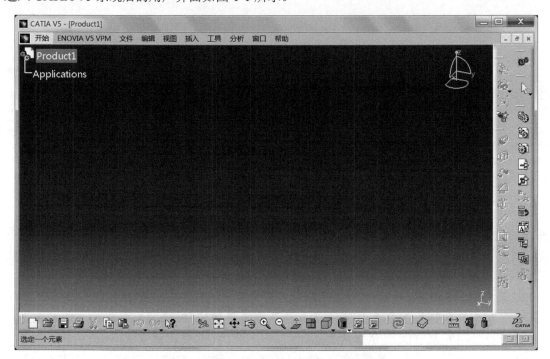

图 1-1　CATIA V5 启动后的初始用户界面

当然还有其他启动 CATIA 的方法,如在 Windows7 操作系统桌面"开始"菜单中,运行 CATIA V5 应用程序菜单项;或者在文件目录中,直接双击已有的 CATIA 零件或产品模型文件等。

不难发现,启动 CATIA V5 系统后,首先进入的是"装配设计(Assembly Design)"工作台(Workbench),默认的产品文件名为 Product1。该用户界面是标准的 Windows 应用程序窗口,上部有标题栏和下拉菜单,中间大的矩形区域是图形工作区,窗口的周边是各种工具栏,最下一行是交互命令提示区。

图形工作区主要由以下三部分组成。

(1)几何体(Geometry):用来显示用户创建的零件几何体或产品装配体;

(2)特征树(Specifications):也称结构树,用来记录用户创建的特征及元素;

(3)指南针(Compass):也称罗盘,用来指示设计空间方位,平移或旋转几何体。

可见,图形工作区显示的是一个三维设计空间,无论是从右上角的指南针还是右下角的笛卡儿直角坐标系,都指明了用户创建的几何体的空间方位。在后续实体造型过程中,要时刻观察指南针或坐标轴,注意实体在空间中的摆放姿态。

1.1.3　CATIA V5 软件工作台及其图标

CATIA V5R21 共有 13 个功能模块，如图 1-2 所示，这些功能几乎涵盖了现代工业领域的全部应用。每一种功能模块下又有若干个特定功能的模块，又称为工作台（Workbench），如"机械设计（Mechanical Design）"功能模块下就包括"零件设计（Part Design）""装配设计（Assembly Design）""草绘编辑器（Sketcher）""工程制图（Drafting）""线框和曲面设计（Wireframe and Surface Design）"等 20 个能完成特定设计任务的工作台，如图 1-3 所示。

1-3

图 1-2　CATIA V5R21 的 13 个功能模块　　　　图 1-3　"机械设计"功能模块下的 20 个工作台

本书的"机械设计"模块只涉及"零件设计""草绘编辑器""线框和曲面设计""装配设计""工程制图"5 个工作台。

设计建模过程中，通常要在不同工作台之间进行切换，或者要在三维和二维两个不同维度的设计平台之间进行变换，对用户形象思维能力和空间想象力有较高的要求。用户要明确所处的设计环境和空间方位，就必须熟悉并辨识不同工作台的图标。工作台图标通常放置在窗口右上角的相应工作台工具栏上，它如同路标（Road Map）为用户指明方向。

机械设计功能模块下的 20 个工作台图标，都是把代表机械设计模块的绿色三角形图案▶作为背景，在其上添加代表不同意义的特征图案，例如添加一个齿轮图形的图标⚙表示"零件设计"工作台，添加一对齿轮的⚙则表示"装配设计"工作台，添加一个绘图桌的⚙表示"工程制图"工作台，而第 2 章将要介绍的"草图编辑器"工作台图标⚙则是在背景图上添加了纸和笔，等等。

1.2　CATIA V5 用户界面定制

用户界面定制主要包括对界面语言和工具栏两部分的定制。

本书第一版界面语言采用英文，对一些所学外语为小语种的读者，学习起来就有一定障碍，受众面受到限制。本次编写采用中文界面，文中部分术语括号内注写其对应英文，以便读者中英文对照学习。

　　至于工具栏,除了所有工作台都共有的通用工具栏外,还有很多特定工作台专用的工具栏,如果把它们都放置在程序工作界面,就会缩小有限的图形工作区面积,也不利于使用时工具图标的搜寻,势必降低工作效率。工具栏定制要做到"定量"和"定置",前者是指把界面上的工具栏数量控制在最少,而后者是指锁定工具栏的位置。

1.2.1　定制界面语言

　　CATIA V5 系统可供选择的界面语言有英语、法语、简体中文等,如图 1-4(a)所示,可以在"自定义"对话框中定制,具体操作方法是:单击"工具"下拉菜单→"自定义..."菜单命令,弹出"自定义"对话框,从"选项(Options)"选项卡中的用户界面语言下拉列表中选择定制,如图 1-4(b)所示。需要重启软件才能使更改生效。

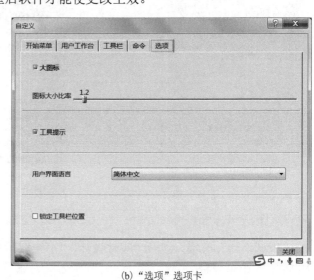

环境语言（默认）
英语
法语
德语
意大利语
日语
韩国语
俄语
简体中文

(a)可选语言列表　　　　　　　(b)"选项"选项卡

图 1-4　"自定义(Customize)"对话框——"选项(Options)"选项卡

1.2.2　定制工具栏

　　CATIA V5 各个工作台都有若干通用的工具栏(Toolbars),如"标准(Standard)""视图(View)""图形属性(Graphics Properties)""知识工程(Knowledge)""选择(Select)"等,而不同的工作台依其功能不同,又都提供了许多专用的工具栏,其上集中了一些专用的工具命令图标。

　　一般情况下,属性工具栏位于图形工作区的上部,通用工具栏位于工作区的下部和右侧,而工作台工具栏和其他专用的工具栏多位于工作区的右侧,如图 1-1 所示。

　　用户也可根据个人喜好放置工具栏。通过鼠标拖拽(按住鼠标左键不放,拖动鼠标),把某一工具栏放置在图形工作区的任意位置。工具栏既可以是水平放置,也可以竖直放置。暂时不用的工具栏可以先关闭掉,以腾出更多的工作空间。

　　以图 1-1 所示的"装配设计"工作台为例,控制工具栏开启(显示)和关闭的操作方法有两种:一种是在"视图(View)"下拉菜单中操作,单击"视图(View)"下拉菜单→"工具栏(Toolbars)"菜单项,在级联菜单中勾选或者取消勾选相关的工具栏菜单项,以控制其开启还是关闭,如图 1-5(a)所示;另一种是在任一已有的工具栏上单击鼠标右键,在快捷菜单中处理,如图 1-5(b)所示。

(a)工具栏菜单项的级联菜单　　　　　　　　　(b)工具栏右键快捷菜单

图 1-5　控制工具栏显示或关闭的方法

关闭工具栏最直接的一种方法是,将工具栏拖拽到图形工作区,单击该工具栏上的关闭按钮 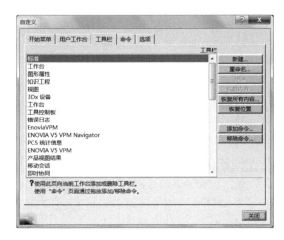 即可。

如果用户需要新建能彰显自己个性的工具栏,或者对已有工具栏进行编辑修改,或者在已有工具栏上添加或删除命令图标,这些工作都可以在"自定义"对话框中的"工具栏"选项卡上完成,如图 1-6 所示,通过单击该选项卡右侧相关按钮进行新建、重命名、删除、增/删命令图标等工具栏定制操作。

图 1-6　"自定义(Customize)"对话框——"工具栏(Toolbars)"选项卡

　　弹出"自定义"对话框，除了 1.2.1 介绍的操作方法外，还有另外两种方法：(1)单击"视图"下拉菜单→"工具栏"菜单项→"自定义..."级联菜单项；(2)在已有工具栏上单击鼠标右键，在快捷菜单中选择"自定义..."快捷菜单项。

　　一旦定制好工具栏，并且希望在使用软件过程中锁定其位置，可以通过单击图 1-4(b)所示"自定义"对话框左下角的"锁定工具栏位置"复选框实现。

1.3　CATIA V5 通用工具栏

　　CATIA V5 各个工作台用户界面的风格类似，只是不同工作台所对应的工具栏和下拉菜单中的工具命令不尽相同。一些所谓的通用工具栏(Global toolbar)，如前述的"标准(Standard)""视图(View)""图形属性(Graphics Properties)""知识工程(Knowledge)"等，在 CATIA V5 所有工作台上都是相同的。本节介绍几个通用工具栏上的工具命令图标的基本功能。至于那些不同工作台上的专用工具栏将在后续相关章节中讲解。

1. "标准(Standard)"工具栏

　　"标准"工具栏上集中了 Windows 应用程序中常用的新建、打开、保存、快速打印、剪切、复制、粘贴、撤销、重做等工具命令图标，如图 1-7 所示。这些命令图标及其功能与其他微软应用程序相同，在此不再赘述。

图 1-7　"标准(Standard)"工具栏

2. "视图(View)"工具栏

　　"视图"工具栏上集中了观察对象的各项辅助工具命令，如图 1-8 所示。

图 1-8　"视图(View)"工具栏

　　(1)"飞行模式(Fly Mode)" ：该命令用于设置观察模式。原始缺省状态为"平行投影(Parallel)"观察模式，单击图标 可以转换到"透视投影(Perspective)"模式。

　　(2)"全部适应(Fit All In)" ：该命令用于调整对象大小并将其全部显示在工作窗口中。

　　(3)"平移(Pan)" ：该命令用于将观察对象在窗口中平移。

　　(4)"旋转(Rotate)" ：该命令用于将观察对象在窗口中旋转。

　　(5)"放大(Zoom In)" ：该命令用于将观察对象在窗口中放大。

　　(6)"缩小(Zoom Out)" ：该命令用于将观察对象在窗口中缩小。

　　在"视图"(View)下拉菜单中还有"缩放区域(Zoom Area)"和"缩放(Zoom In Out)"命令，提供更灵活观察对象的方法。

(7)"法线视图(Normal View)" ：该命令是沿实体表面某一点的法线方向来观察对象的。

(8)"创建多视图(Create Multi-View)" ：该命令是以第三角投影法形成的三视图和正等轴测图四个视口来显示对象。

(9)"等轴测视图(Isometric View)" ：该命令有多重选项，是在当前视口分别用六个基本视图、正等轴测图或用户特殊设定的视图(Named views)显示对象。

(10)"着色(Shading)" ：该命令控制当前实体对象的显示类型，包括"着色(Shading(SHD))""含边线着色(Shading with Edges)""带边着色但不光顺边线(Shading with Edges without Smooth Edges)""含边线和隐藏边线着色(Shading with Edges and Hidden Edges)""含材料着色(Shading with Materials)""线框(Wireframe(NHR))""自定义视图参数着色(Customize View Parameters)"等。

(11)"隐藏/显示(Hide/Show)" ：该命令用于更改指定对象的隐藏或显示状态。CATIA V5 将模型空间分为两个，一个是显示(Visible)——可见物体所在的空间，另一个是隐藏(Invisible)——不可见物体所在的空间。两个空间的可见性可以相互切换，若不可见物体所在的空间切换为可见(当前显示界面)，则可见物体所在的空间就切换到不可见。利用该切换可以方便物体对象特征(草图、结构等)的分类操作。

(12)"交换可视空间(Swap visible space)" ：该命令用于显示窗口与隐藏窗口之间的切换。在显示窗口单击该命令则切换至隐藏窗口，屏幕显示被隐藏的对象；反之，在隐藏窗口单击该命令则切换至显示窗口，屏幕显示原本被显示的对象。

3.　"图形属性(Graphics Properties)"工具栏

"图形属性"工具栏如图 1-9 所示，在该工具栏中用户可以自定义图形的颜色、透明度、线宽、线型等属性。

图 1-9　"图形属性(Graphics Properties)"工具栏

1.4　CATIA V5 基本操作

1.4.1　使用鼠标

使用 CATIA V5 创建实体模型或工程制图，通过操作鼠标能快速地选择对象、激活命令、旋转和缩放对象以及改变视角等，所以，熟练操作鼠标对提高设计效率至关重要。

在 CATIA V5 工作界面，选中的对象将被加亮，并显示为橘红色。选择对象时，既可以在几何图形区选择，也可以在结构树上选择，二者是等效的。

表 1-1 中列出了使用鼠标的一般方法和技巧。

特别注意：用鼠标单击结构树的树干或窗口右下角的坐标轴，图形工作区的实体将变为暗色显示且不可操作，此时只可对结构树进行平移、缩放等操作。要恢复到常态，需要再次单击树干或坐标轴。

表 1-1　鼠标各操作键的功能

动作	功能
单击左键	选择对象(点、线、面及实体等)、激活工具命令
按住左键拖动	窗选对象
单击中键	快速平移视图,以指定点为参考将其平移到窗口中心
按住中键拖动	平移视图
单击右键	显示上下文快捷菜单
按住中键+单击右键(或左)	前推鼠标时,放大视图;后移鼠标时,缩小视图
按住中键+按住右键(或左)	拖动鼠标时,旋转视图
滚动滚轮	向前滚动,结构树往下移;向后滚动,结构树往上
按住 Ctrl 键+滚动滚轮	向前滚动,放大结构树;向后滚动,缩小结构树

1.4.2　使用指南针

在 CATIA V5 用户界面图形工作区的右上角配有指南针(Compass),也称为罗盘,其图标由分别与空间直角坐标平面及坐标轴平行的圆弧和直线组成。

通过操作指南针,不但可以沿坐标轴方向或在坐标面内平移视图,而且可以绕坐标轴或坐标原点旋转视图。具体操作方法是:当把光标移近指南针上的坐标轴线或坐标面的圆弧时,则轴线或弧面呈高亮显示,光标也变为手形,若再按下鼠标左键,则光标呈握紧手形状,此时拖动鼠标,实体对象将按高亮显示的坐标轴方向平移,或绕与高亮显示弧面垂直的坐标轴旋转;如果将光标移近指南针上的坐标面,该面同样呈高亮显示,拖动鼠标时,实体对象将在该面内平移;将光标移近指南针 z 轴上的圆点状端点时,该点呈高亮显示,此时拖动鼠标,则实体对象将绕坐标原点旋转。

将指南针附着定位在实体对象的表面或轴线上,可以利用指南针改变对象在模型空间的绝对方位。具体操作方法是:将光标指向指南针红色方块,则指针箭头呈十字移动形状。此时用鼠标拖动指南针使其附着到实体上,再操作指南针,即可改变实体的方位。用鼠标拖动指南针红色方块离开实体对象,或者选择"视图"下拉菜单→"重置指南针(Reset Compass)"菜单项,可将指南针恢复到初始状态。

1.5　CATIA V5 文件管理

1.5.1　新建文件

当启动 CATIA V5 软件并进入相应的工作台环境后,系统会自动建立一个对应类型的文件以保存用户创建的数据。

CATIA V5 中常用的文件类型如表 1-2 所示。

如前所述,启动 CATIA V5 后,系统默认进入装配设计工作台,并自动建立一个文件名为 Product1 的装配文件。

如果要继续装配设计工作,可以在这个设计环境下,使用"产品结构工具"工具栏上的相关工具图标命令插入多个依附于该产品的零部件实体,并使用"约束"工具栏上的相关工具命令图标建立它们彼此之间的约束关系。

表 1-2　CATIA V5 常用文件类型

文件类型	文件扩展名	保存的内容
零件	.CATPart	零件实体、草图、参考元素、曲面等
装配	.CATProduct	装配关系、装配约束、装配特征等
库目录	.CATalog	标准件库、刀具库等
工程图	.CATDrawing	图纸页、视图等

创建独
立零件

而本书前期学习的主要任务是如何创建一个单独的不依附于任何产品或装配的零件实体模型，可以采用以下两种方法来创建。

方法一，关闭当前装配工作台窗口，再新建一个零件文件。

方法二，单击设计绘图区的空白处，确认结构树根节点"产品 1"的颜色由刚启动系统默认的橘红色(激活状态)变为天蓝色(非激活状态)，然后再新建一个零件文件。

1.5.2　打开已有文件

在 CATIA V5 用户界面打开已有文件的方法有两种：

方法一，工具图标法，单击"标准"工具栏上的"打开"命令图标🗁。

方法二，下拉菜单法，选择"文件"下拉菜单 → "打开"菜单项。

以上两种方法执行的结果，都将弹出"选择文件(File selection)"对话框，如图 1-10 所示，在该对话框中通过"查找范围"下拉列表搜索文件路径，打开后，系统将进入与该文件类型一致的工作台。

图 1-10　"选择文件(File selection)"对话框

也可以在电脑存储目录中直接打开 CATIA 文件，其结果是自动运行 CATIA V5 软件，并进入到与已有文件类型一致的工作台。

1.5.3　保存文件

首次保存 CATIA V5 文件的方法有以下两种。

方法一，工具图标法，单击"标准"工具栏上的"保存"命令图标 🖫。

方法二，下拉菜单法，选择"文件"下拉菜单→"保存(Save)"或者"另存为…(Save As…)"菜单项。

以上两种方法执行的结果，都将弹出"另存为(Save As)"对话框，如图 1-11 所示，在该对话框中指定文件保存路径，并指定相应的文件名和保存类型，单击"保存"按钮保存文件。

图 1-11　"另存为(Save As)"对话框

注意：尽管 CATIA V5 用户界面语言可以选择使用简体中文，但是文件名却不可以使用中文字符命名，在命名文件时只能使用如下字符：①字符 A～Z(大写和小写)；②数字 0～9；③某些特殊字符，如%、&、#、$、@等。

为便于文件管理，建议用户采用以上规定的字符、数字、符号及其组合等，构成意义明确的文件名。

1.6　思　考　题

1-1　CATIA V5R21 有哪些功能模块？"机械设计"功能模块所属的所有工作台图标有何共同特点？

1-2　怎样使用鼠标移动、旋转、缩放窗口工作区的对象？

1-3　怎样利用指南针进行窗口对象的移动和旋转操作？

1-4　怎样定制用户界面的工具栏？

1-5　结构树有何作用？如何使用鼠标在窗口工作区缩放、平移结构树？

1-6　CATIA 常用文件类型有哪几种？保存文件时为文件命名应注意些什么？

第2章

基本立体的实体造型及草图设计

本章内容是整本教材的基础，首先介绍实体造型的基本流程，接着介绍进行实体造型的三维"零件设计(Part Design)"工作台的启动方法和界面定制，然后详细介绍二维"草图编辑器(Sketcher)"工作台及草图设计(草图的绘制、编辑以及约束等)，最后介绍几种常见的组成机械零件和建筑构件的基本立体的实体造型方法。

2.1 实体造型的基本流程

CATIA V5 实体造型主要是在"零件设计"工作台完成的，利用工具命令能直接创建四种基本实体：拉伸体(凸台)、回转体(旋转体)、扫掠体(肋)和放样体(多截面实体)等，如图 2-1 所示。实体造型的基础都是某个二维截面轮廓——草图，因此把这种方法创建得到的基本实体又称作"基于草图的特征"。

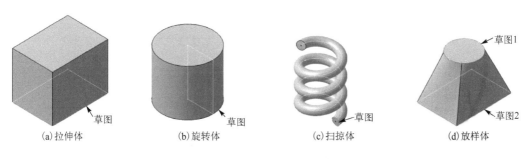

(a)拉伸体　　　　(b)旋转体　　　　(c)扫掠体　　　　(d)放样体

图 2-1　CATIA V5 实体造型的四种基本实体

图 2-1(a)中的长方体是把草图(底面矩形)沿着其法线方向向上拉伸而成的拉伸体。

图 2-1(b)中的圆柱体是草图(矩形)绕着其里面的竖直边线旋转而成的旋转体。

图 2-1(c)中的螺旋体是由草图(圆)沿着螺旋线(参见 5.2.10)扫掠而成的扫掠体。

图 2-1(d)中的天圆地方的立体是由草图 1(上顶面的圆)变截面过渡到草图 2(下底面的矩形)而成的放样体(或者由草图 2 变截面过渡到草图 1 放样)。

不难理解，拉伸体和回转体实质上是两种特殊的扫掠成型方法，前者的扫掠轨迹是平面草图法线方向的直线，而后者则是回转周向的圆。

在 CATIA V5 "零件设计"工作台，无论是采用上述哪种造型方法，都可以通过以下三步完成实体造型。

第一步，选择绘制草图的平面，即草图支撑面。

第二步，切入"草图编辑器"工作台，绘制草图。

第三步，退出"草图编辑器"工作台，自动返回到"零件设计"工作台，应用基于草图的特征命令，如凸台、旋转体、肋和多截面实体等，进行实体造型。

以上归纳的"选草图支撑面→绘制草图→特征造型"的三步实体造型方法，又被称为 CATIA 实体造型的"三部曲"。

2.2 "零件设计"工作台的启动及其用户界面

启动"零件设计"工作台有如下几种方法。

(1)在"标准"工具栏中，单击"新建"工具命令图标□，弹出图 2-2 所示的"新建"对话框。从类型列表中选择"Part(零件)"，并单击"确定"按钮，弹出图 2-3 所示的"新建零件"对话框。输入零件名称或接受默认文件名，单击"确定"按钮，即可进入"零件设计"工作台，如图 2-4 所示。

图 2-2 "新建"对话框

图 2-3 "新建零件"对话框

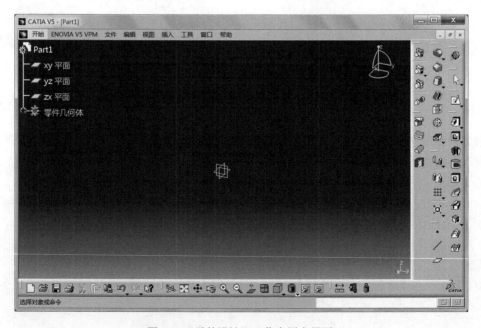

图 2-4 "零件设计"工作台用户界面

（2）在"文件"下拉菜单中，选择"新建…"菜单命令，弹出图 2-2 所示的"新建"对话框，后续启动"零件设计"工作台的操作方法同方法（1）。

（3）在"开始"下拉菜单中，选择"机械设计"菜单项→"零件设计"级联菜单项，弹出图 2-3 所示的"新建零件"对话框，后续启动"零件设计"工作台的操作方法同方法（1）。

（4）若已有 CATIA 零件文件，双击该文件，即可启动 CATIA 应用程序，并自动进入"零件设计"工作台。另外，通过单击"标准"工具栏上的"打开"工具命令图标，或者选择"文件"下拉菜单中的"打开…"菜单命令，都将弹出图 2-5 所示"选择文件"对话框，找到并选择已有的 CATIA 零件文件，单击"打开"按钮，启动并进入"零件设计"工作台。

图 2-5　"选择文件"对话框

CATIA V5R21"零件设计"工作台提供了 37 种（共计 40 个）工具栏，为能腾出更大的图形工作区，建议通过定制工具栏，在图形工作区先只显示其中的几个，如"工作台""选择""草图编辑器""参考元素（扩展）""基于草图的特征""标准""视图"七个工具栏，如图 2-6 所示，而暂时关闭其余的 30 个，并锁定工具栏位置，这样有利于在操作中能快速找到所需的工具命令图标。

2-4

2-6

图 2-6　推荐在"零件设计"工作台用户界面上显示的工具栏

2.3 "草图编辑器"工作台及草图设计

CATIA V5 中的实体造型是基于草图创建得到的,没有草图就无法创建实体特征。草图是在草图支撑面上绘制得到的一个二维图形。草图设计是在 CATIA "草图编辑器"工作台完成的,该工作台为用户提供了一个二维绘图的设计环境,不仅可以绘制、编辑草图元素,而且还可以对草图元素施加尺寸约束和几何约束,快速精确地绘制所需的二维草图。在 CATIA 中绘制草图,既可以按尺寸逐步绘制,也可以先绘制一个大致图形,再后施加约束(尺寸和几何)。后一种是CATIA 的"后参数化"绘图方法,可以有效提升创新设计效率。

在新创建一个实体模型时,通常都是直接选择零件设计工作台上的笛卡儿坐标系三个坐标面中的某一个作为草图支撑面绘制草图。如果创建得到一个实体特征后,在继续添加实体特征时可供选择的草图支撑面就多了,既可以是坐标面,又可以是已有实体的某一个表面。当然,对于一些形状和结构复杂的实体,根据设计需要还可以创建额外的参考平面,供绘制特定方位的草图使用。

2.3.1 "草图编辑器"工作台及其用户界面

在"零件设计"工作台选择草图支撑面,如笛卡儿坐标系的 xy 平面,然后采用如下四种方法都可以进入"草图编辑器"工作台。

(1)单击"草图编辑器"工具栏上的"草图"工具命令图标☑。

(2)选择"插入"下拉菜单→"草图编辑器"菜单项→"草图"级联菜单项。

(3)选择"开始"下拉菜单→"机械设计"菜单项→"草图编辑器"级联菜单项。

(4)由图 2-4 所示的"零件设计"工作台可见,新建零件界面上"基于草图的特征"工具栏上的一些工具命令图标,如凸台☑、旋转体☑、肋☑以及多截面实体☑等,都处于亮显(可执行)状态,如果用户确定使用其中的某一个创建实体,则可双击该命令图标,在弹出的"特征定义"对话框中找到并单击"草图"命令图标☑,再选择草图支撑面,这样也可进入"草图编辑器"工作台。

进入"草图编辑器"工作台的用户界面如图 2-7 所示。

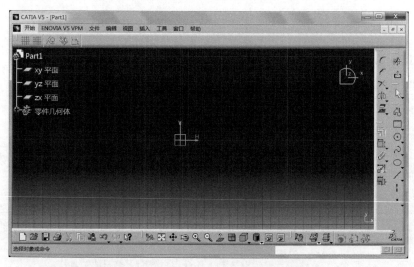

图 2-7 "草图编辑器"工作台用户界面

CATIA V5R21 "草图编辑器"工作台为用户提供了 24 个工具栏,为能腾出更大的图形工作区,建议通过定制先只显示其中的几个,如"工作台""选择""草图工具""轮廓""操作""约束""标准""视图"八个工具栏,如图 2-8 所示。

2-7
2-8

图 2-8 推荐在"草图编辑器"工作台用户界面显示的工具栏

绘制草图的工具命令图标都集中在"轮廓"工具栏上,编辑草图的工具命令图标都集中在"操作"工具栏上,约束草图的工具命令图标则都集中在"约束"工具栏上。

建议按图 2-7 所示的用户界面定制"草图编辑器"工作台工具栏,而且强调把"草图工具"工具栏放置在图形工作区的上部靠左位置,便于执行命令时选择命令选项和参数输值。

2.3.2 "草图工具"工具栏功能介绍

"草图工具"工具栏,如图 2-9 所示,由于其辅助绘图的重要性,单独列出讲解。

"草图工具"工具栏在待命和执行命令时的状态有所不同,待命时如图 2-9(a)所示,只有 5 个图标按钮;而在执行某一绘图(轮廓)或编辑(操作)命令时,如执行"轮廓"工具命令 时,工具栏变长,内容增多,如图 2-9(b)所示,显示所执行命令的命令选项及其参数。执行的命令不同,该工具栏延长显示的内容和长度也各异。

(a)待命状态

2-9

(b)执行"轮廓"工具图标命令时的状态

图 2-9 "草图工具"工具栏

下面重点介绍待命时"草图工具"工具栏上五个图标的含义。

1. 网格

单击"网格"图标 ,图标颜色由蓝色变为橘红色,激活网格,并在绘图区显示网格,用于辅助绘图。再次单击该图标,图标颜色由橘红色变为蓝色,转为非激活状态,绘图区不显示网格。该图标为乒乓按钮,通过单击可以在激活和非激活两个状态进行切换。

网格参数可在"选项"对话框中设置,具体操作步骤是:"工具"下拉菜单→"选项..."菜单项→"机械设计"树节点→"草图编辑器"选项,在"草图编辑器"选项卡中进行相关参数制定,如图 2-10 所示。

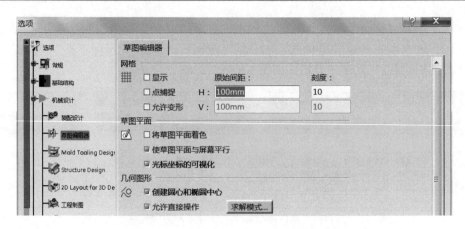

图 2-10　"选项"对话框——草图编辑器

2．点捕捉

激活"点捕捉"，图标颜色显示为橘红色，无论绘图区有无网格显示，光标将只捕捉网格点。此时若慢速移动鼠标，会发现光标处在不断捕捉网格点的跳跃式地移动。

3．构造元素/标准元素

"构造元素/标准元素"图标按钮默认蓝色显示，处于非激活状态，该状态下绘制的图形要素属于"标准元素"，显示为实线；反之，为"构造元素"，即辅助要素，类似于画图时使用的辅助线，显示为虚线。草图中的构造元素不直接参与创建三维特征。

构造元素/
标准元素

4．几何约束

"几何约束"图标按钮默认橘红色显示，处于激活状态，在绘制草图时系统会自动添加检测到的所有几何约束，如限制草图中水平线的约束 H、竖直线的约束 V 等。如不激活此选项，则不会为草图元素添加任何约束。

注意："可视化"工具栏中的"几何约束"图标按钮用于控制草图中几何约束的显示。

5．尺寸约束

"尺寸约束"图标按钮默认也是处于激活状态，通过"草图工具"工具栏文本框键入的长度或角度参数，系统将其以尺寸约束的形式添加到草图上，双击尺寸约束即可修改其参数值，并通过尺寸驱动改变草图大小。

注意："可视化"工具栏中的"尺寸约束"图标按钮用于控制草图中尺寸约束的显示。

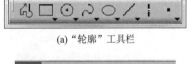

(a)"轮廓"工具栏

(b)"轮廓"菜单项的级联菜单

图 2-11　工具栏和下拉菜单中的绘图命令

2.3.3　绘制草图

在 CATIA "草图编辑器"工作台，是通过运行直线、圆、圆弧或者预定义的轮廓图形等绘图命令绘制草图。绘图命令既可以在"轮廓"工具栏中找到，也可以在"插入"下拉菜单中的"轮廓"菜单项的级联菜单下找到，如图 2-11 所示。从操作的便捷性考虑，优先推荐使用工具栏中的工具图标命令。

应用实例

下面介绍几个常用的绘图命令，重点说明绘图方法和"草图工具"工具栏中的命令选项和相关参数输值。

1. 轮廓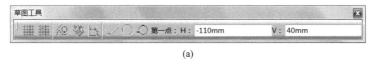

"轮廓"工具命令用于绘制由连续的直线和圆弧组成的草图轮廓，它是绘制草图时最常用的命令之一。

单击"轮廓"工具命令图标，激活该命令，"草图工具"工具栏的状态如图 2-12(a)所示，可见，该命令有三个命令选项："直线" 、"切线弧" 和"三点弧" ，分别用于绘制直线、与前一段线段相切的圆弧以及由三点确定的圆弧。

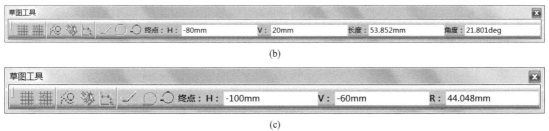

(a)

(b)

(c)

图 2-12　"草图工具"工具栏——激活"轮廓"绘图命令

激活"轮廓"工具命令后，默认激活的是"直线"命令选项，系统提示"单击或选择轮廓的起点"，在工具栏上有 H(水平坐标)和 V(竖直坐标)两个动态文本框，提供指定起点的直角坐标方式，也即通过键入相应的直角坐标值确定轮廓起点的精确参数。当然，也可随意在屏幕上单击拾取起点。指定起点后，移动光标会显示一条连接到起点的虚拟的动态直线，俗称"橡皮筋"，系统接着会提示"单击或选择当前直线的终点"，此时的"草图工具"工具栏的状态如图 2-12(b)所示，较之前的多了"长度"和"角度"两个动态文本框，多了一种指定直线终点的极坐标方式，即通过键入长度和角度值确定轮廓终点。指定第二点后即创建得到连接起点和终点的一条直线。接着可以指定第三点、第四点等，绘制连续的折线；也可激活"切线弧" 或"三点弧" 命令选项绘制与前一线段相切或相交的圆弧，此时"草图工具"工具栏的状态如图 2-12(c)所示。注意：每画完一个圆弧后总会返回到画直线的状态。

同时，激活"轮廓"工具命令后，也可选择激活"三点弧"命令选项，先画一个圆弧，把它作为轮廓的起始线段。

"切线弧"命令选项只有在绘制得到一条线段(直线或圆弧)后才可启用。

执行 CATIA 工具命令时的一些共性操作要领：

(1)在给动态文本框输值时，可以通过在文本框中双击选择文本，键入数值后按 Enter 键确认，并可通过按键盘上的 Tab 键在不同文本框间切换。

(2)绘图过程中常会用到"标准"工具栏上的撤销 和重做 按钮来实现撤销上一个操作和恢复被撤销的操作。

(3)双击工具命令图标，可以重复执行命令。

（4）激活命令后，再次单击该命令的图标或者连续两次按键盘上的 Esc 键，都将会终止命令。

（5）CATIA 具有尺寸驱动功能，施加尺寸约束的草图，通过双击尺寸可以修改尺寸数字，进而驱动图形改变大小。

2. 矩形

单击"矩形"工具命令图标右下角的黑色三角形，会出现图 2-13 所示的"预定义的轮廓"子工具栏，其上集中了一些常用轮廓图形的绘图命令，如矩形、正六边形、长条孔形等。

图 2-13 "预定义的轮廓"子工具栏

"矩形"工具命令用于绘制矩形，激活该命令，通过如下两步绘制矩形。

（1）指定矩形的一个角点"第一点"，通过键入坐标值或者在屏幕上单击拾取，对应的"草图工具"工具栏示例如图 2-14(a) 所示。

（2）指定矩形的对角点"第二点"，对应"草图工具"工具栏示例如图 2-14(b) 所示。

(a)指定第一点

(b)指定第二点

图 2-14 "草图工具"工具栏——激活"矩形"绘图命令

注意：指定第二点时，也可通过在"草图工具"工具栏"宽度"或"高度"动态文本框中键入数值，绘制出的矩形上会施加尺寸约束，双击尺寸，改变尺寸数值，通过尺寸驱动改变矩形大小。

3. 居中矩形

"居中矩形"工具命令图标位于图 2-13 所示的"预定义的轮廓"子工具栏中，该命令用于绘制以指定点为中心的矩形。

激活"居中矩形"工具命令后，通过如下两步绘制居中矩形。

（1）指定居中矩形的中心点"第一点"，以确定其位置，对应的"草图工具"工具栏示例如图 2-15(a) 所示。

(a)指定第一点

(b)指定第二点

图 2-15 "草图工具"工具栏——激活"居中矩形"绘图命令

（2）指定居中矩形任意一个角点"第二点"，对应的"草图工具"工具栏示例如图 2-15(b)

所示，既可以通过在动态文本框中键入坐标的数值指定点，又可以键入矩形的宽度和高度值确定其大小。

4．六边形

"六边形"工具命令图标位于图 2-13 所示的"预定义的轮廓"子工具栏中，该命令用于绘制正六边形。

激活"六边形"工具命令后，通过如下两步绘制六边形。

（1）指定六边形的中心点，对应的"草图工具"工具栏示例如图 2-16（a）所示。

（2）指定"六边形上的点"，即欲绘制得到的六边形某边线的垂足点，对应的"草图工具"工具栏示例如图 2-16（b）所示。可见，该点既可通过在动态文本框中键入 H 和 V 的坐标值指定，也可通过键入"尺寸"和"角度"数值指定。图中的"尺寸"是指六边形一对平行边的间距，而"角度"是指六边形中心至"六边形上的点"的连线与 H 轴所成夹角。

（a）指定六边形中心点

（b）指定六边形上的点

图 2-16　"草图工具"工具栏——激活"六边形"绘图命令

5．延长孔

"延长孔"工具命令图标位于图 2-13 所示的"预定义的轮廓"子工具栏中，该命令用于绘制形如图 2-17 所示的长条孔轮廓图形。

激活"延长孔"工具命令后，通过如下三步绘制延长孔。

图 2-17　"延长孔"图形

应用实例

（1）指定延长孔第一个中心点，对应的"草图工具"工具栏示例如图 2-18（a）所示。

（2）指定延长孔第二个中心点，对应的"草图工具"工具栏示例如图 2-18（b）所示。

（3）指定"延长孔上的点"，或者通常键入"半径"值，对应的"草图工具"工具栏示例如图 2-18（c）所示。

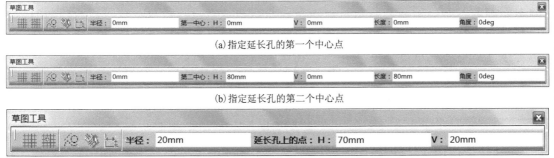

（a）指定延长孔的第一个中心点

（b）指定延长孔的第二个中心点

（c）指定延长孔上的点或者键入"半径"值

图 2-18　"草图工具"工具栏——激活"延长孔"绘图命令

6. 圆柱形延长孔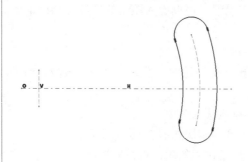

"圆柱形延长孔"工具命令图标位于图 2-13 所示的"预定义的轮廓"子工具栏中,该命令用于绘制如图 2-19 所示的环形长条孔轮廓图形。

激活"圆柱形延长孔"命令后,通过如下四步绘制圆柱形延长孔。

(1)指定圆柱形延长孔圆心点,对应的"草图工具"工具栏示例如图 2-20(a)所示。

图 2-19 "圆柱形延长孔"图形

(2)指定圆柱形延长孔中心弧的半径和起点,对应的"草图工具"工具栏示例如图 2-20(b)所示。

(3)指定圆柱形延长孔中心弧的终点,对应的"草图工具"工具栏示例如图 2-20(c)所示。

(4)指定"圆柱形延长孔上的点",通常是键入"半径"值,对应的"草图工具"工具栏示例如图 2-20(d)所示。

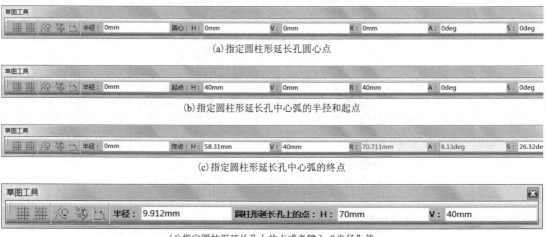

(a)指定圆柱形延长孔圆心点

(b)指定圆柱形延长孔中心弧的半径和起点

(c)指定圆柱形延长孔中心弧的终点

(d)指定圆柱形延长孔上的点或者键入"半径"值

图 2-20 "草图工具"工具栏——激活"圆柱形延长孔"绘图命令

7. 圆

单击"圆"工具命令图标右下角的黑色三角形,会出现图 2-21 所示的"圆"子工具栏,其上集中了一些圆和圆弧的绘图命令。

图 2-21 "圆"子工具栏

圆命令用于绘制一个整圆,激活该命令,通过如下两步绘制圆。

(1)指定圆心,对应的"草图工具"工具栏示例如图 2-22(a)所示。

(2)拾取圆周上的一点或键入"半径"值,对应的"草图工具"工具栏示例如图 2-22(b)所示。

8. 弧 (

"弧"工具命令图标位于如图 2-21 所示的"圆"子工具栏上,用于绘制圆弧。

激活"弧"工具命令后,通过如下三步绘制圆弧。

(1)指定圆弧的圆心,对应的"草图工具"工具栏示例如图 2-23(a)所示。

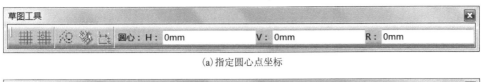

(a)指定圆心点坐标

(b)指定圆上的点或键入"半径"值

图 2-22 "草图工具"工具栏——激活"圆"绘图命令

(2)选择一点或单击以确定圆弧的半径和起点,对应的"草图工具"工具栏示例如图 2-23(b)所示。

(3)指定圆弧的终点,对应的"草图工具"工具栏示例如图 2-23(c)所示。

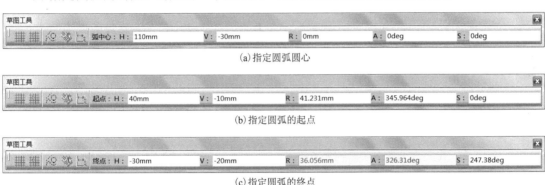

(a)指定圆弧圆心

(b)指定圆弧的起点

(c)指定圆弧的终点

图 2-23 "草图工具"工具栏——激活"弧"绘图命令

9. 样条线

"样条线"工具图标命令用于绘制样条曲线,它是一种平面曲线,是通过平面上任意多个点而形成的光滑曲线,如图 2-24 所示。

激活"样条线"工具命令后,系统提示指定控制点,对应的"草图工具"工具栏示例如图 2-25 所示,指定一系列控制点后,可看到一条"橡皮筋"样条附着在控制点和光标上,在最后一个控制点处双击鼠标完成绘制。

图 2-24 "样条线"命令示例

图 2-25 "草图工具"工具栏——激活"样条线"绘图命令

10. 椭圆

激活"椭圆"工具命令后,通过如下三步绘制椭圆。

(1)指定椭圆中心,对应的"草图工具"工具栏示例如图 2-26(a)所示。

(2)指定椭圆长轴及方向,对应的"草图工具"工具栏示例如图 2-26(b)所示。

(3)指定椭圆短轴,对应的"草图工具"工具栏示例如图 2-26(c)所示。

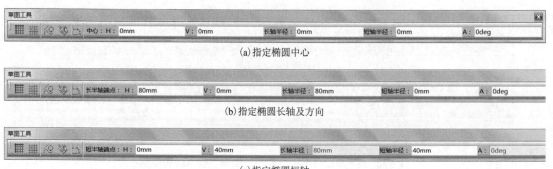

(a)指定椭圆中心

(b)指定椭圆长轴及方向

(c)指定椭圆短轴

图 2-26　"草图工具"工具栏——激活"椭圆"绘图命令

图 2-27　"直线"
子工具栏

11. 直线

单击"直线"工具图标右下角的黑色三角形，会出现图 2-27 所示的"直线"子工具栏，其上集中了一些直线的绘图命令。

激活"直线"工具命令后，通过如下两步绘制直线。

(1)指定起点，对应的"草图工具"工具栏示例如图 2-28(a) 所示。

(2)指定终点，对应的"草图工具"工具栏示例如图 2-28(b)所示，可以通过键入直角坐标和极坐标两种方式确定终点。

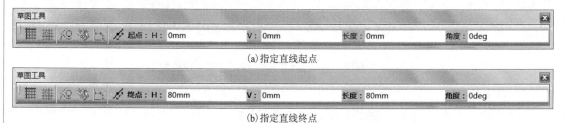

(a)指定直线起点

(b)指定直线终点

图 2-28　"草图工具"工具栏——激活"直线"绘图命令

12. 双切线

"双切线"工具命令图标位于图 2-27 所示的"直线"子工具栏上，常用于绘制两个圆或圆弧之间的公切线，也可绘制圆或圆弧外的一点到该圆或弧的切线，如图 2-29 所示。绘制公切线时，在圆或弧上单击的位置不同，绘制得到的公切线也各异。

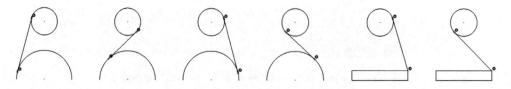

图 2-29　"双切线"命令示例

激活"双切线"工具命令后，通过如下两步绘制公切线。

(1)指定第一个对象。

(2)指定第二个对象，完成公切线的绘制。当所选对象为直线上的点时，会弹出警示对话框，如图 2-30 所示。

13．轴

"轴"是一种特殊的直线，其线型为点画线，只能作为旋转体或回转面的中心线。而且一个草图中只允许有一条轴线，如果绘制多条，前面绘制的将自动变换成构造线(线型为虚线)。绘制轴的操作方法与上述直线的相同，在此不再赘述。

14．点 ■

单击"点"工具命令图标 · 右下角的黑色三角形，会出现图 2-31 所示的"点"子工具栏，其上集中了一些创建点的命令。

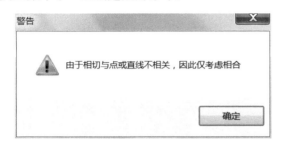

图 2-30　"警告"对话框

图 2-31　"点"子工具栏

激活"点" ■命令后，在绘图区单击或在"草图工具"工具栏上键入点的坐标，都可创建一个点，对应的"草图工具"工具栏示例如图 2-32 所示。

图 2-32　"草图工具"工具栏——激活"点"绘图命令

2.3.4　"选择"工具栏

使用绘图命令绘制得到一些基本图形要素后，往往需要使用编辑命令对已有图形进行必要的编辑和修改，而在执行编辑命令后系统会提示选择修改的对象，所以学习使用合适的选择工具命令就成为影响绘图效率的关键。

单击"选择"工具图标 右下角的黑色三角形，会出现图 2-33 所示的"选择"子工具栏，其上集中了 8 种不同的选择工具命令图标。

选择对象时，当光标移到图形对象上时，指针将变为手形，该对象及其在结构树上对应的几何图形都将突出显示，一旦选中，将显示为橘黄色。

图 2-33　"选择"子工具栏

"选择" 命令默认总是处于激活状态，是通过单击鼠标选择(单选)对象的工具，按住键盘上 Ctrl 键不放连续单选其他对象，可选择多个对象；按住 Ctrl 键不放再次单选已选对象，就可以取消该对象的选择。若要取消所有选择，按键盘上的 Esc 键或在空白处单击即可。

"矩形选择框" 命令是通过拖拽选框选择(框选)对象的工具，只有完全位于矩形选框内的对象才被选中。该命令默认也处于激活状态。

"几何图形上方的选择框" 命令提供一种在已有实体基础上绘制草图时在实体投影区域内框选对象的工具。

其他的 5 种选择工具都必须激活命令方可使用，而且一旦激活其一，此前处于激活状态的"矩形选择框" 命令即自动退出。

(1)"相交矩形选择框" 命令也是一种"框选"工具命令，它拓展了"矩形选择框" 命令的功能，完全位于选框内的对象和与选框相交的对象，都将被选中。

(2)"多边形选择框" 命令为用户提供一种灵活的通过绘制多边形选择对象的工具，双击鼠标可结束命令，完全位于多边形选框内的对象将被选中。

(3)"手绘选择框" 命令被激活后，按下鼠标左键不放拖拽，会在屏幕上画出选择轨迹线，凡与轨迹线相交的对象都将被选中。

(4)"矩形选择框之外" 命令是一种"框选"工具命令，用于选择完全位于矩形选框之外的对象。

(5)"相交矩形选择框之外" 命令是一种"框选"工具命令，用于选择完全位于矩形选框之外以及与选框相交的对象。

2.3.5　编辑草图

CATIA "草图编辑器"工作台提供了丰富的草图编辑命令，可以对草图对象进行修剪、打断、删除、移动、复制、镜像、阵列、偏移、缩放、倒角、倒圆等操作，熟练并灵活地使用这些编辑命令将会大大提高绘图效率。

(a) "操作"工具栏

草图编辑命令可以从两处找到，一处是"操作"工具栏，其上集中了各种编辑工具命令图标，如图 2-34(a)所示；另一处是"插入"下拉菜单，在"操作"菜单项的级联菜单及其子菜单，如图 2-34(b)所示，其上集中了全部编辑工具菜单命令。

下面重点介绍几个常用的草图编辑工具命令及其操作方法。

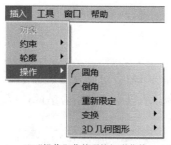

(b) "操作"菜单项的级联菜单

图 2-34　编辑命令

1. 删除

删除图形对象的操作方法如下。

(1)选择欲删除的图形对象。

(2)按键盘上的 Delete 键，即可删除对象。

选中图形对象后，在光标右键快捷菜单或"编辑"下拉菜单中选择"删除"菜单项，也可删除对象。

2. 操纵图形

CATIA 提供了用鼠标直接操纵图形及其组成对象(直线、圆、圆弧及样条曲线等)的功能，可方便地对其进行移动、旋转和缩放等操作。

(1)移动对象的操作方法：选择图形并将鼠标移到图形上(或移动鼠标到直线上、圆的圆心、圆弧上等)，当鼠标指针变为手形时，按住鼠标左键不放并拖动鼠标，即可实现移动操作。对圆来说，双击圆心，在弹出的"点定义"对话框中重新定义坐标，也可实现精确移位。

(2)缩放对象的操作方法：移动鼠标到直线的端点、圆周或圆弧的圆心等，当鼠标指针变为手形时，按住鼠标左键不放并拖动鼠标，即可实现缩放操作。对圆和圆弧来说，双击图形，在弹出的"圆定义"对话框中重新定义"半径"值，可实现缩放；对直线来说，双击后在弹出的"直线定义"对话框中重新定义"长度"值，可实现缩放。

（3）旋转对象的操作方法：移动鼠标到直线或圆弧的某一个端点上，当鼠标指针变为手形时，按住鼠标左键不放并绕着另一个端点拖动鼠标，即可实现旋转操作。

3. 圆角

"圆角"工具命令图标位于图 2-34（a）所示的"操作"工具栏上，通常用于在两条线之间创建不同修剪选项的圆角，即连接圆弧。

激活"圆角"命令后，"草图工具"工具栏如图 2-35（a）所示，可见该命令有 6 个命令选项（"修剪所有元素"、"修剪第一元素"、"不修剪"、"标准线修剪"、"构造线修剪"以及"构造线未修剪"）。当前激活的是"修剪所有元素"，按系统提示分别选择两条线后，在它们之间出现了一个圆角（连接圆弧）预览，其大小与位置随光标的移动而变化。同时，"草图工具"工具栏也发生了变化，如图 2-35（b）所示，出现了"半径"动态文本框。此时有两种方法完成圆角绘制：一种是预览圆弧大小及位置满足要求时，单击鼠标完成圆弧绘制；另一种是在动态文本框中键入圆角半径值并按 Enter 键。

(a)6 个命令选项

(b)"半径"文本框

图 2-35　"草图工具"工具栏——激活"圆角"编辑命令

应用实例 1：两线之间"倒圆"，使用"修剪所有元素"命令选项对三组不同位置的直线进行"圆角"处理，处理前后的对比图如图 2-36 所示。

应用

实例 1

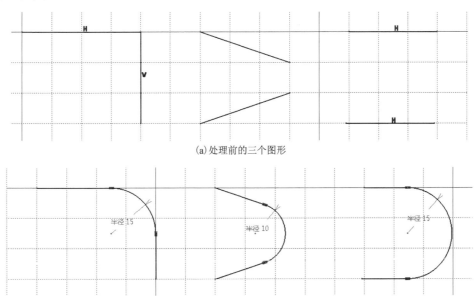

(a)处理前的三个图形

(b)处理后的三个图形

图 2-36　两线之间"倒圆"示例——使用"修剪所有元素"命令

如果欲进行"圆角"处理的两线相交，在激活"圆角" 工具命令后，可根据系统提示选择交点进行"圆角"处理，并可多重选择多组交点，同时对这些点进行"圆角"操作。例如，在选择一个矩形的四个顶点后，再进行"圆角"操作，其结果是矩形的四个圆角同时使用了相同的圆角半径。

应用实例 2：相交两线之间"倒圆"，"圆角"命令的另外五个命令选项的应用示例如图 2-37 所示（设竖直线为第一元素）。

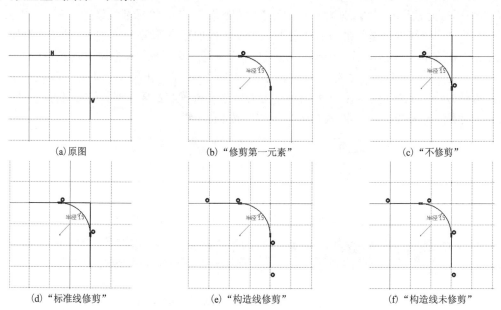

图 2-37　两线之间"倒圆"示例——使用另外 5 种命令选项（设竖直线为第一元素）

4. 倒角

"倒角"工具命令图标位于图 2-34(a)所示的"操作"工具栏上，用于在两条线之间创建不同修剪选项的倒角。

激活"倒角"命令后，"草图工具"工具栏如图 2-38(a)所示，可见该命令有 6 个命令选项（"修剪所有元素"，"修剪第一元素"、"不修剪"、"标准线修剪"、"构造线修剪"以及"构造线未修剪"），当前激活的是第一个"修剪所有元素"。按系统提示分别选择两条线后，在它们之间出现了一个倒角预览，其长短与位置随光标的移动而变化。与此同时，"草图工具"工具栏也发生了变化，并出现了三种不同的倒角参数定义方式：(1)角度和斜边，如图 2-38(b)所示；(2)第一长度和第二长度，如图 2-38(c)所示；(3)角度和第一长度，如图 2-38(d)所示。其中第三种"角度和第一长度"较常用，而且多为 45° 倒角，键入第一长度值并按 Enter 键，既可完成倒角创建。

(a)6 个命令选项

(b)角度和斜边长度

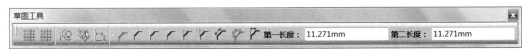

(c) 两个倒角距第一长度和第二长度

(d) 角度和第一长度

图 2-38　"草图工具"工具栏——激活"倒角"编辑命令

应用实例：对矩形"倒角"，使用几种不同的倒角命令选项和倒角参数定义方式，对矩形的四个角进行"倒角"处理，处理前后的对比图如图 2-39 所示。

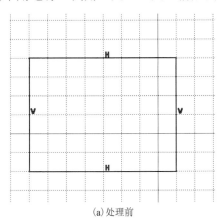

(a) 处理前

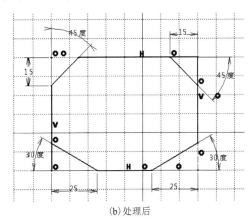

(b) 处理后

图 2-39　对矩形"倒角"示例

其他 5 个倒角命令选项的修剪方式与圆角处理的完全相同，参照图 2-37，在此不再赘述。

5.　修剪

单击"修剪"工具命令图标右下角的黑色三角形，会出现图 2-40 所示的"重新限定"子工具栏，其上集中了"修剪"、"断开"、"快速修剪"、"封闭弧"和"补充"五个工具图标。

"修剪"工具命令图标位于图 2-40 所示的"重新限定"子工具栏上，用于对两条相交（或延长相交）的线段（直线或圆弧）进行修剪，也可以对同一条线段进行修剪。

激活"修剪"工具命令后，"草图工具"工具栏状态如图 2-41 所示，表明该命令有两个命令选项："修剪所有元素"和"修剪第一元素"，当前默认为"修剪所有元素"。

图 2-40　"重新限定"子工具栏

图 2-41　"草图工具"工具栏——激活"修剪"
编辑命令

应用实例 1：以修剪图 2-42(a) 所示两条相交直线为例，介绍"修剪所有元素"命令选项的用法。选择该命令选项，系统要求选择修剪元素，如果选择水平线为第一元素，且在交点

左侧点选时，有三种修剪结果：(1)光标移至位于交点下面的斜线部分时，得到图 2-42(b)所示的修剪结果；(2)光标移至位于交点上面的斜线部分时，得到图 2-42(c)所示的修剪结果；(3)而当光标沿着水平线移动时，随光标移动位置不同，只是水平线自身被修剪，如图 2-42(d)所示，或被剪短或被拉长，重新限定的位置取决于光标的位置。而如果选择水平线为第一元素，且在交点右侧点选时，按上述操作方法又会得到三种不同的修剪结果。

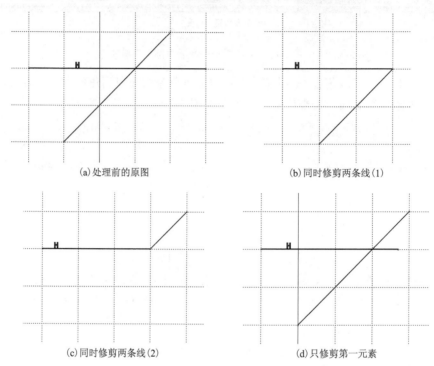

(a)处理前的原图　　　　　　　　　　(b)同时修剪两条线(1)

(c)同时修剪两条线(2)　　　　　　　　(d)只修剪第一元素

图 2-42 "修剪所有元素"命令示例(设第一元素为水平线，且点选其交点左侧)

　　应用实例 2：以修剪图 2-43(a)所示两条延长相交直线为例，使用"修剪第一元素" ✕ 命令选项进行修剪，如果选择水平线为第一元素，且在延长交点左侧点选时，当光标移至斜线时，得到图 2-43(b)所示的修剪结果；如果选择水平线为第一元素，而在延长交点右侧点选时，当光标移至斜线时，得到图 2-43(c)所示的修剪结果；如果选择斜线为第一元素，水平线为第二元素则得到图 2-43(d)所示的修剪结果。当然还有只修剪水平线或者斜线使其缩短或伸长的情况。

　　6. 断开 ⟋

　　"断开"工具命令图标 ⟋ 位于图 2-40 所示的"重新限定"子工具栏上，用于打断线段。

　　激活该命令后，按照系统提示，先单击选择欲打断的线段，再指定打断点，即可完成打断线段。

　　如果两线相交，并希望从交点处打断，则在激活"断开"命令后，先选择欲打断的线段，再选与之相交的线。

　　7. 快速修剪 ⟋

　　"快速修剪"工具命令图标 ⟋ 位于图 2-40 所示的"重新限定"子工具栏上，用于快速修剪和删除草图元素。

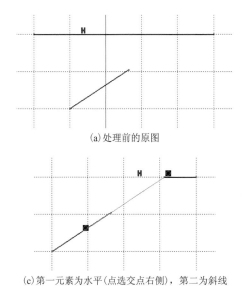

(a) 处理前的原图

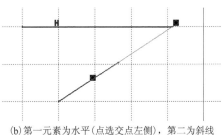

(b) 第一元素为水平(点选交点左侧)，第二为斜线

(c) 第一元素为水平(点选交点右侧)，第二为斜线

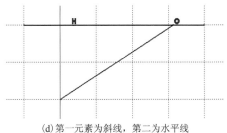

(d) 第一元素为斜线，第二为水平线

图 2-43　"修剪第一要素"命令示例

激活"快速修剪"  工具命令后，"草图工具"工具栏状态如图 2-44 所示，表明该命令有三个命令选项："断开及内擦除"、"断开及外擦除"以及"断开并保留"。

图 2-44　"草图工具"工具栏——激活"快速修剪"编辑命令

应用实例：快速修剪图 2-45(a)所示的草图。假设快速修剪对象均选择的是竖直线夹在上下两线中间的那段线，如果使用"断开及内擦除"命令选项时，修剪结果如图 2-45(b)所示；如果使用"断开及外擦除"时，修剪结果如图 2-45(c)所示；如果使用"断开并保留"时，修剪结果如图 2-45(d)所示。

8. 封闭弧和补充(弧)

"封闭弧"工具命令图标和"补充(弧)"工具图标均位于图 2-40 所示的"重新限定"子工具栏上，前者用于封闭圆弧、椭圆弧或样条曲线，后者则用于创建已有圆弧、椭圆弧的互补弧。

应用实例：对图 2-46(a)所示的圆弧进行处理，若对其进行"封闭弧"处理，结果得到图 2-46(b)所示的一个完整的圆；若对其进行"补充(弧)"处理，则得到图 2-46(c)所示的该弧的一个互补弧。

9. 镜像复制

单击"镜像"工具命令图标右下角的黑色三角形，会出现图 2-47 所示的"变换"子工具栏，其上集中了"镜像"、"平移"、"旋转"、"缩放"以及"偏移"等编辑命令。

"镜像"工具命令图标位于图 2-47 所示的"变换"子工具栏上，该命令以直线或轴线为镜像线，对称地复制现有的草图元素。在创建具有对称特点的草图时，只画出一半，另一半则可用该工具命令快速创建得到。

应用实例

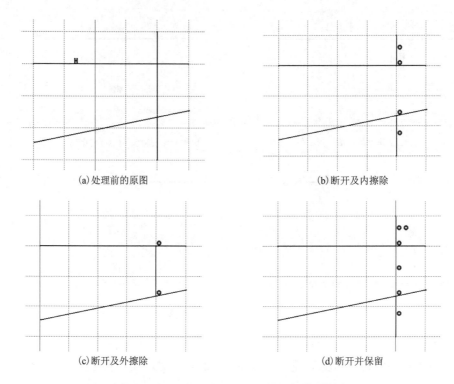

(a) 处理前的原图   (b) 断开及内擦除

(c) 断开及外擦除   (d) 断开并保留

图 2-45   "快速修剪"命令示例(修剪对象均选择竖直线夹在两线中间的那段线)

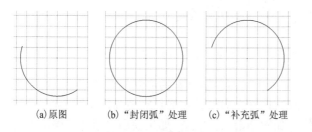

(a) 原图   (b) "封闭弧"处理   (c) "补充弧"处理

图 2-46   "封闭弧"和"补充(弧)"命令示例

图 2-47   "变换"子工具栏

在绘制具有对称特点的草图时,要善于利用草图坐标轴,最好选择其 H 轴或 V 轴作为对称线,方便后续的镜像复制。否则,还要额外绘制对称线。

镜像复制操作方法如下。

先选择镜像复制的元素集,再单击"镜像"工具命令图标▯▯,最后选择镜像线,即可实现镜像复制。而当镜像复制对象为单一元素时,也可先单击"镜像"工具命令图标▯▯,再依次选择镜像复制的元素及镜像线,实现镜像复制。

应用实例:镜像复制图 2-48(a)所示图形中圆以外的部分(V 轴为对称线)。首先,窗口选择镜像复制的元素集(也可在单击其中一条线后,选择"编辑"下拉菜单→"自动搜索"菜单项命令,快速选择复制对象);其次,单击"镜像"工具命令图标▯▯,最后选择镜像线 V 轴,即可实现镜像复制,结果如图 2-48(b)所示。

10. 平移或单向多重复制➡

"平移"工具图标➡位于图 2-47 所示的"变换"子工具栏上,用于对选定的草图元素进行平移或单向多重复制。

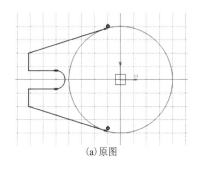
(a)原图

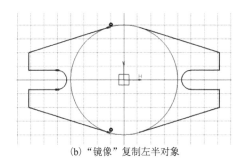
(b)"镜像"复制左半对象

图 2-48 "镜像"命令示例

平移操作方法如下。

(1)选择平移的元素集。

(2)单击"平移"工具命令图标 ➡ ，弹出图 2-49 所示的"平移定义"对话框，如果只是平移对象，则取消选择"复制模式"复选框；如果是单向多重复制对象，选中"复制模式"复选框，并定义复制的实例个数。

(3)指定平移的参考起点和终点，完成平移操作；或者在指定起点后，在"平移定义"对话框中键入长度值并按 Enter 键，再指定终点，完成平移操作。

应用实例： 对图 2-50(a)所示图形中的竖向长条孔进行水平平移和多重复制。选中竖向长条孔后，单击"平移"工具命令

图 2-49 "平移定义"对话框

应用实例

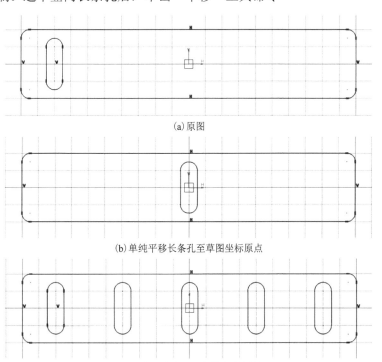
(a)原图

(b)单纯平移长条孔至草图坐标原点

(c)长条孔在水平方向的多重复制

图 2-50 "平移"命令示例

图标 ➡️，在"平移定义"对话框中取消"复制模式"复选框，定义起点(长条孔中点)和终点(草图坐标原点)，得到图 2-50(b)所示的平移结果，实施的是单纯的平移操作；选择"复制模式"复选框并定义实例个数为 4，长度值为 40mm，得到图 2-50(c)所示的平移结果，实现的是水平方向的多重复制。

11．旋转或环形多重复制 ⚙️

图 2-51　"旋转定义"对话框

应用实例

"旋转"工具命令图标 ⚙️ 位于图 2-47 所示的"变换"子工具栏上，用于周向旋转或环形多重复制选定的草图元素。

旋转操作方法如下。

(1)选择旋转的元素集。

(2)单击"旋转"工具命令图标 ⚙️，弹出图 2-51 所示的"旋转定义"对话框，如果只是周向旋转对象，则取消选择"复制模式"复选框；如果是环形多重复制对象，选中"复制模式"复选框，并定义复制的实例个数。

(3)指定旋转中心点，并依次指定旋转角度的参考线和旋转角度(逆时针为正，顺时针为负)，完成旋转操作；或者在指定旋转中心点，并指定旋转角度的参考线后，在"旋转定义"对话框中键入角度值并按 Enter 键，完成环形多重复制操作。

应用实例：对图 2-52(a)所示图形中的小圆孔进行旋转和周向多重复制。选中小圆孔后，单击"旋转"工具命令图标 ⚙️，在"旋转定义"对话框中取消"复制模式"复选框，指定旋转中心点(大圆的圆心)，并依次指定旋转角度的参考线(小圆孔的圆心)和旋转角度(90°)，得到图 2-52(b)所示的旋转结果，实施的是单纯的旋转操作；在"旋转定义"对话框中选择"复制模式"复选框并定义实例个数为 5，指定旋转中心点(大圆的圆心)，并指定旋转角度的参考线(小圆孔的圆心)，键入角度值(60°)并按 Enter 键，得到图 2-52(c)所示的旋转结果，完成环形多重复制操作。

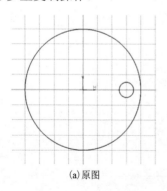
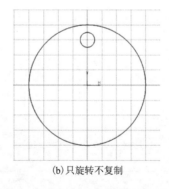
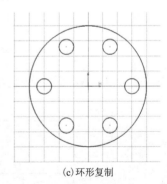

(a)原图　　　　　　　　　(b)只旋转不复制　　　　　　　　　(c)环形复制

图 2-52　"旋转"命令示例

12．缩放或缩放复制 🔍

"缩放"工具命令图标 🔍 位于图 2-47 所示的"变换"子工具栏上，用于对选定的草图元素执行缩放，或者对选定的元素进行缩放复制。

缩放操作方法如下。

（1）选择缩放的元素集。

（2）单击"缩放"工具命令图标 ，弹出图 2-53 所示的"缩放定义"对话框，如果只是单纯地缩放对象，取消选择"复制模式"复选框；如果是缩放复制对象，选中"复制模式"复选框。

（3）指定缩放的中心点，在"缩放定义"对话框中键入缩放值并按 Enter 键，完成缩放操作。

应用实例： 对图 2-54（a）所示图形中的长条孔进行缩放和缩放复制。选中长条孔后，单击"缩放"工具命令图标 ，在"缩放定义"对话框中取消"复制模式"复选框，指定缩放中心点（图形中心），并键入缩放值 1.2后按 Enter 键，得到图 2-54（b）所示的放大结果；选择"复制模式"复选框，指定缩放中心点（图形中心），并键入缩放值 1.2 后按 Enter 键，得到的是图 2-54（c）所示的缩放复制。

图 2-53　"缩放定义"对话框

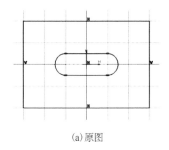
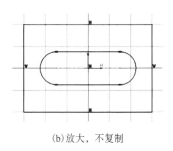
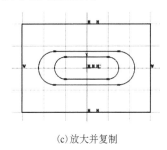

（a）原图　　　　　　　（b）放大，不复制　　　　　　　（c）放大并复制

图 2-54　"缩放"命令示例

13．偏移

"偏移"工具命令图标位于图 2-47 所示的"变换"子工具栏上，用于对已有的直线、弧或圆等草图对象进行等距复制。

偏移操作方法如下。

单击"偏移"工具命令图标，"草图工具"工具栏如图 2-55（a）所示，可见该命令有四个命令选项（"无拓展"、"相切拓展"、"点拓展"以及"双侧偏移"）。当前激活的是第一个"无拓展"命令选项。选择偏移对象，"草图工具"工具栏变为图 2-55（b）所示的状态，增加了确定偏移对象位置的"新位置"文本框、确定偏移距离的"偏移"文本框以及偏移复制个数的"实例"文本框等内容。单击以确定偏移方向和距离，完成偏移操作；或者，为准确定位，在"草图工具"工具栏中键入"偏移"数值和"实例"个数，然后单击选择偏移方向，完成偏移操作。

（a）4 个命令选项

（b）偏移参数输值文本框

图 2-55　"草图工具"工具栏——激活"偏移"命令

注意：默认为单侧偏移，如果要进行双侧偏移，可以在激活前三个命令选项之一基础上，再单击激活最后一个"双侧偏移" 命令选项，实现两个命令共同作用下的双侧偏移。

应用实例：对图 2-56(a)所示的草图实施偏移操作。本例偏移操作时均选择图中下面的水平边线作为偏移操作的对象，其中的图 2-56(a)为原图；图 2-56(b)选择"无拓展"命令选项，只选择水平线自身，上侧偏移；图 2-56(c)选择"相切拓展"命令选项，选择了水平线，与其相切连接的右端圆弧也被拓展选中，且向上侧偏；图 2-56(d)选择"点拓展"命令选项，选择了水平线，与其点连接的所有元素均被拓展选中，且向下(外)侧偏；图 2-56(e)选择"点拓展"和"双侧偏移"两个命令选项，原图轮廓全部选中，双侧偏移，可见圆弧偏移时圆心角保持不变；图 2-56(f)选择"无拓展"命令选项，并键入"实例"数值为 3，上侧偏移复制。

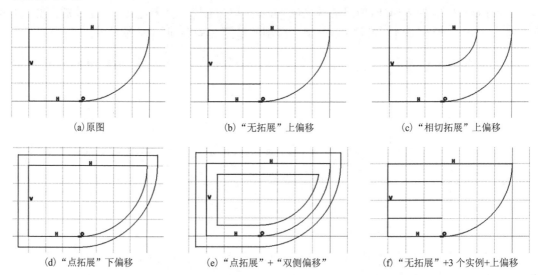

(a)原图　　　　　(b)"无拓展"上偏移　　　　　(c)"相切拓展"上偏移

(d)"点拓展"下偏移　　　(e)"点拓展"+"双侧偏移"　　　(f)"无拓展"+3 个实例+上偏移

图 2-56　"偏移"命令示例(单选下面水平线，默认 1 个实例)

2.3.6　约束草图

约束分为几何约束和尺寸约束两种。几何约束用以限制一个或多个几何元素之间的几何位置关系，例如限制一个元素的固定、水平、竖直等约束，限制两个元素之间的相合、相切、平行、垂直等约束，以及限制三个元素之间的对称和等分点等；尺寸约束则是用以限制一个或两个几何元素的形状、大小和位置的尺寸参数值，例如限制一个元素的长度、半径或直径等约束，限制两个元素之间的距离及角度等。

草图的约束状态依其显示颜色的不同而有所区别，系统默认的颜色设置为：欠约束(不充分约束)时显示为黑色，全约束(等约束)时显示为绿色，过约束(过分约束)时则显示为紫色。

表 2-1 列出了用于标志不同约束类型的约束符号。

约束工具命令可以从两处找到，一个是"约束"工具栏，如图 2-57 所示，其上集中了各种约束工具命令图标；另一个是"插入"下拉菜单中的"约束"菜单项的级联菜单，如图 2-58 所示，其上集中了各种约束工具菜单命令。

表 2-1 约束符号

约束符号	约束类型	约束符号	约束类型
±	固定	✕	平行
◉	相合	⌐	垂直
⬢	同心度	H	水平
＝	相切	V	竖直

图 2-57 "约束"工具栏

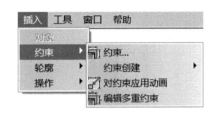

图 2-58 "约束"菜单项的级联菜单

下面介绍几个常用的约束工具命令。

1. 约束🔲

单击"约束"工具栏上的"约束"工具命令图标🔲右下角的黑色三角形,会出现"约束创建"子工具栏,如图 2-57 所示,其上集中了"约束"🔲和"接触约束"◉两个约束命令。

"约束"工具命令图标🔲位于图 2-57 所示的"约束创建"子工具栏上,该命令用于对一个元素或者在两个或三个元素之间设置尺寸约束或几何约束,优先采用尺寸约束。使用光标快捷菜单可以获取其他类型的约束并根据需要定位此约束。

单击"约束"工具命令图标🔲,选择要约束的元素,先选的元素将被施加尺寸约束,并要求定位尺寸或选择另一个元素。此时,如果移动光标至合适位置并单击确认,将完成该元素的尺寸约束并退出命令;如果单击鼠标右键,在光标菜单中会有其他相关的几何约束选项供选择,或者选择约束的测量方向;如果选择另一个元素,将会在两元素之间创建约束,并可进一步在光标菜单中选择约束选项。

应用实例:使用"约束"🔲工具命令对图 2-59(a)所示的草图施加约束。图 2-59(a)为原图;图 2-59(b)为选择直线并定位约束,结果为直线施加了长度尺寸约束;图 2-59(c)为选择直线,并在光标菜单中选择"水平测量方向",结果在直线两个端点之间施加了水平方向的长度约束;图 2-59(d)为选择直线,并在光标菜单中选择"竖直"几何约束,结果直线被约束为竖直位置;图 2-59(e)为选择直线后,接着又选择圆,结果在二者之间施加了一个尺寸约束;图 2-59(f)为选择直线后,接着又选择圆,并在光标菜单中选择"相切",结果在直线和圆之间施加了相切的几何约束,注意,在选择圆时,点选的位置不同,结果也有所差异,而且先选的元素往往作为参照并保持原位置不动。

应用实例

2. 接触约束◉

"接触约束"工具命令图标◉位于图 2-57 所示的"约束创建"子工具栏上,该命令用于在两个元素之间设置接触约束,优先建立"同心度""相合""相切"等约束。

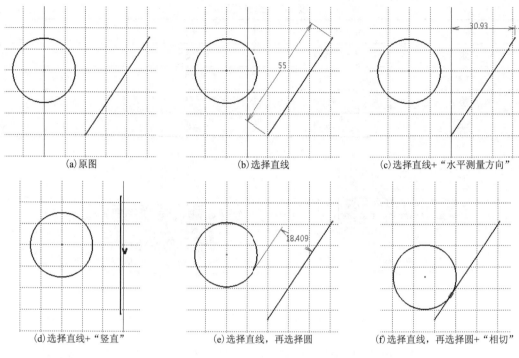

图 2-59 "约束" 命令示例

单击 "接触约束" 工具命令图标 🖱，依次选择要约束的元素和另一个元素，会在它们之间创建一个接触约束。

应用实例：使用 "接触约束" 🖱 工具命令对图 2-60(a) 所示草图中的圆和直线施加约束。图 2-60(a) 为原图；图 2-60(b) 为先选择直线，再选择圆(在靠近直线的一侧单击圆)，结果施

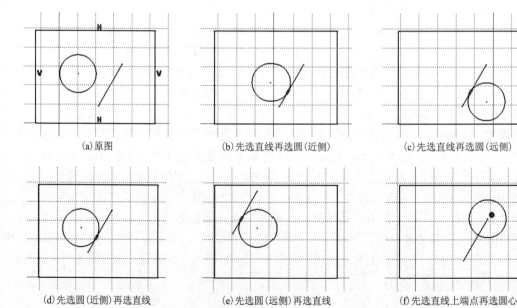

图 2-60 "接触约束" 命令示例

加了一个"相切"约束；图 2-60(c)为先选择直线，再选择圆(在远离直线的一侧单击圆)，结果施加了一个不同于图 2-60(b)的"相切"约束；图 2-60(d)为先选择圆(在靠近直线的一侧单击圆)，再选择直线，结果施加了一个"相切"约束；图 2-60(e)为先选择圆(在远离直线的一侧单击圆)，再选择直线，结果施加了一个不同于图 2-60(d)的"相切"约束；图 2-60(f)为先选择直线的上端点，再选择圆心点，结果两个点之间施加了一个"相合"约束。

3. 对话框中定义的约束

"对话框中定义的约束"工具命令图标位于图 2-57 所示的"约束"工具栏上，该命令通过图 2-61 所示的"约束定义"对话框为一个或多个元素设置尺寸约束和几何约束。

在未选择任何草图元素时，"对话框中定义的约束"工具命令图标灰显，处于非激活状态；一旦选择了一个元素，即可激活亮显，并针对所选元素在"约束定义"对话框中只有存在可能性的约束才可选。例如，应用于一条直线的约束可能是"固定""长度""水平""竖直"等；应用于一个圆的约束可能是"固定"和"半径/直径"；而应用于两条直线的约束可能是"固定""相合""平行""垂直""水平""竖直""距离""长度""角度"等。根据设计者的意图，在"约束定义"对话框中选择相关的约束选项。

使用"约束定义"对话框可以对一个或多个元素施加各种约束。如果需要，还可以同时定义多个约束。如果要永久创建约束，要确保在"草图工具"工具栏中激活"几何约束"和"尺寸约束"这两个工具命令图标(取决于要创建的约束类型)，否则，只能创建临时约束。

4. 固联

"固联"工具命令图标位于图 2-57 所示的"约束"工具栏上，该命令可以将草图中的一组元素连在一起成为刚性组，拖动其中的任一元素即可移动整个组。

单击"固联"工具命令图标，弹出图 2-62 所示的"固联定义"对话框，选择一个或几个 2D 几何图形，每选择一个，都将把确定该几何图形的基本几何元素以列表形式纳入该组。

图 2-61　"约束定义"对话框

图 2-62　"固联定义"对话框

2.3.7　草图分析

绘制草图的目的是为创建三维几何模型提供符合要求的轮廓或导向线等，所以，在绘制完草图,特别是元素多、几何关系复杂、约束多的复杂草图,一般在退出草图管理器前都要进行草图分析,以便提早发现并解决不合要求的问题,如轮廓不封闭、多余元素以及过分约束等问题。否则,在后续建模时会要求修改草图。

"草图分析"工具命令可以从两处找到,一处是图 2-63(a)所示的"工具"工具栏上的"草图分析"工具命令图标，另一处是图 2-63(b)所示的"工具"下拉菜单中的"草图分析"菜单命令。

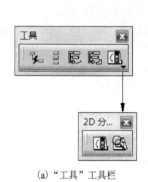

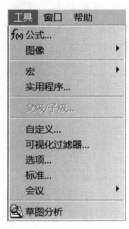

(a)"工具"工具栏　　　　　　　　　(b)"工具"下拉菜单

图 2-63　"草图分析"工具命令

单击"分析草图"工具命令图标，弹出图 2-64 所示的"草图分析"对话框,并在"几何图形"选项卡显示草图所包含的所有几何图形及其状态,选中有问题的几何图形后可在"更正操作"区选择相关工具进行处理;而在"诊断"选项卡显示所有基本几何元素的约束状态。

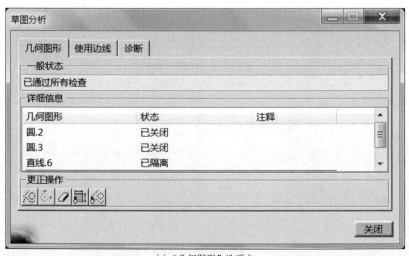

(a)"几何图形"选项卡

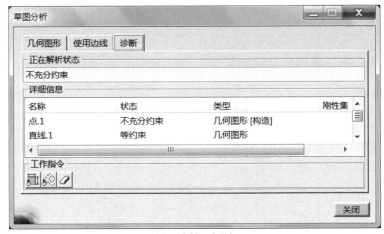

(b)"诊断"选项卡

图 2-64　"草图分析"对话框

2.4　创建基于草图的特征——基本立体

完成草图绘制后，单击"草图编辑器"工作台上的"退出工作台"图标 （位于"工作台"工具栏上），即可返回到"零件设计"工作台，继续实体造型——基于草图的特征建模。

机械零件和建筑构件都是由一些基本立体组合而成的，常见的基本立体有：棱柱、棱锥、圆柱、圆锥、球、圆环等。本节以在"零件设计"工作台创建这些基本立体为例介绍 CATIA V5 中基于草图的特征命令，并严格遵循 CATIA 实体造型的"三部曲"，即"选草图支撑面→绘制草图→特征造型"。

2.4.1　凸台 ——拉伸体(棱柱、圆柱筒)

以创建长方体(四棱柱)为例，介绍"凸台" 命令的一般用法，具体操作步骤如下。

(1)在"零件设计"工作台选择草图支撑面，如水平面——xy 平面。

(2)进入"草图编辑器"工作台，绘制长方体底面的草图，如图 2-65(a)所示。

(3)返回"零件设计"工作台，默认处于选中状态(橘色)的矩形草图如图 2-65(b)所示，保持草图的这种状态并单击"凸台"工具命令图标 ，弹出图 2-65(c)所示的"定义凸台"对话框，与此同时显示图 2-65(d)所示的实体特征预览，定义相关参数，如接受默认的"第一限制"(拉伸)"长度"20mm，单击"确定"按钮，创建得到图 2-65(e)所示的长方体。

注意：草图支撑面为 xy 平面时，"草图编辑器"中的 2D 草图坐标轴 H 和 V 分别与"零件设计"中的 3D 空间系统坐标轴 x 和 y 对应，如图 2-65(b)所示。

按住 Ctrl 键不放，连续选择 xy、yz 和 zx 三个坐标平面，并单击"视图"工具栏上的"显示/隐藏"图标按钮 ，隐藏三个坐标面，最终的长方体(四棱柱)如图 2-65(f)所示。

若欲恢复显示被隐藏的对象，在显式空间单击"视图"工具栏上的"交换可视空间"图标按钮 ，进入隐式空间；选中该对象，并单击"显示/隐藏"图标按钮 ，该对象消失；然后再单击"交换可视空间"图标按钮 ，返回到可视空间，即可恢复显示先前隐藏的对象。

应用实例

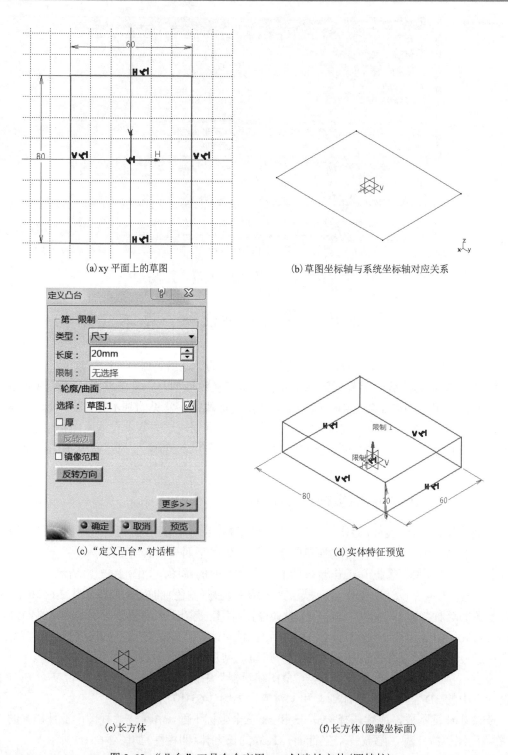

(a) xy 平面上的草图

(b) 草图坐标轴与系统坐标轴对应关系

(c) "定义凸台"对话框

(d) 实体特征预览

(e) 长方体

(f) 长方体(隐藏坐标面)

图 2-65　"凸台"工具命令应用——创建长方体(四棱柱)

"零件设计"工作台默认 yz 平面为三面投影体系中的正立面,而 xy 平面是水平面,zx 平面是侧立面。建模前就应规划好实体的摆放姿态,注意草图的定位。

下面就图 2-65(c) 所示"定义凸台"对话框做进一步解释,归纳为以下几点。

1．关于拉伸方向问题

默认是沿着草图平面的法线方向单向拉伸草图成实体，而且是坐标轴的正方向(如草图平面是 xy 平面，则拉伸正方向是 z 轴正向；yz 平面的草图，是 x 轴正向；zx 平面的草图，是 y 轴正向)；若要进行反向拉伸，单击对话框下部的"反转方向"按钮 反转方向 即可，或者改变"拉伸长度"正负值，或者直接在预览图上单击拉伸箭头，如图 2-65(d)所示。

拉伸长度由对话框中的"第一限制"定义。

也可进行双向拉伸，需要单击对话框右下角的"更多"按钮 更多>> ，展开对话框，如图 2-66 所示，可对"第二限制"进行定义。

如果是双向对称拉伸，需要选择对话框中的"镜像范围"复选框。

如果是非草图法线的斜向拉伸，则需取消选择图 2-66 所示对话框中"方向"区的"轮廓的法线"复选框，同时需要在"参考"选项框选择事先创建的拉伸方向参考线(或在该选项框右键菜单中创建参考线)。

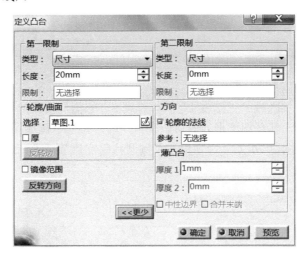

图 2-66　"定义凸台"对话框——扩展

2．关于拉伸限制类型

无论是"第一限制"还是对话框扩展后的"第二限制"，单击"类型"右边的"尺寸"选项条，都会出现限制类型的下拉列表，如图 2-67 所示，其中"尺寸"选项是指按照在"长度"文本框中键入的数值大小和正负来定义拉伸长度和方向的；"直到下一个"是指从草图平面沿着拉伸方向遇到的第一个特征表面；而"直到最后"则是拉伸方向最远遇到的特征表面；"直到平面"是指拉伸到选定的某一个平面；而"直到曲面"则是指拉伸到选定的某一个曲面。

尺寸
直到下一个
直到最后
直到平面
直到曲面

图 2-67　"定义凸台"
对话框——限制类型

3．关于草图问题

第一个基础特征的草图，一般要求是封闭的、"单连通"的廓形，即从廓形线上任一点出发顺着廓形线单向行走，全程无分叉，并最终能返回到出发点。如果草图只包含一个封闭的廓形线，则拉伸体是实心的；如果一个封闭廓形线内包含一个或多个独立的、彼此不相交或相切的封闭廓形线，则拉伸体是空心的；如果有几个封闭廓形线，且彼此独立、不相交(俗称为"孤岛")，则拉伸体是多个等高的凸台。同时，不允许草图中标准图形要素有重叠现象，如线压线或线压点等。

4. 关于厚度问题

一旦选择了对话框中"厚"复选框,"定义凸台"对话框自动扩展,如图 2-68 所示。对比图 2-66 所示的对话框,发现"薄凸台"区域被激活。

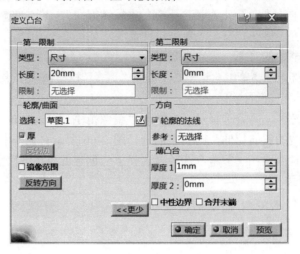

图 2-68 "定义凸台"对话框——选中"厚度"复选框

通过定义"薄凸台"区域的"厚度 1"和"厚度 2"的值,设置薄壁的内外厚度,可创建薄壁以及细长实体特征,其草图廓形线既可以是封闭的,拉伸示例如图 2-69 所示;也可以是不封闭的,拉伸示例如图 2-70 所示;在上述示例圆柱筒实体基础上,选底面绘制不封闭的草图,拉伸示例如图 2-71 所示。

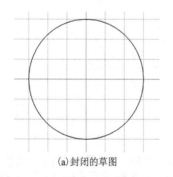

(a)封闭的草图

(b)筒状薄壁实体(圆柱筒)

图 2-69 "凸台"工具命令应用——创建薄壁实体(草图轮廓封闭)

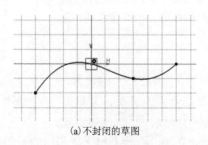

(a)不封闭的草图

(b)薄壁实体

图 2-70 "凸台"工具命令应用——创建薄壁实体(草图轮廓不封闭)

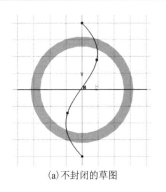

(a) 不封闭的草图

(b) 薄壁实体

(c) 薄壁实体(合并末端)

图 2-71　"凸台"工具命令应用——已有实体基础上创建薄壁实体(草图轮廓不封闭)

2.4.2　旋转体🔧——回转体(圆柱、圆锥、球、圆环)

应用实例

以创建圆柱为例,介绍旋转体🔧工具命令的一般用法,具体的操作步骤如下。

(1)在"零件设计"工作台选择草图支撑面,如正立面——yz 平面。

(2)进入"草图编辑器"工作台,绘制圆柱的轴线及其轮廓的草图(该草图必须封闭或用轴线封闭)——矩形,如图 2-72(a)所示。

(3)返回"零件设计"工作台,单击旋转体工具命令图标🔧,弹出图 2-72(b)所示"定义旋转体"对话框,定义相关参数,创建得到图 2-72(c)所示的圆柱体。

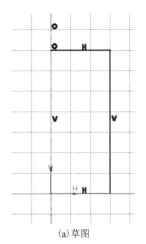

(a) 草图

(b) "定义旋转体"对话框

(c) 圆柱体

图 2-72　"旋转体"工具命令应用——创建圆柱体

若选择该对话框中的"厚轮廓"复选框,将自动展开对话框,用于创建"薄旋转体"。随草图截形及其轴线位置的不同,所得回转体也各异,见表 2-2。

2.4.3　肋✏——扫掠体(弯管)

应用实例

以创建弯管为例,介绍肋✏工具命令的一般用法,具体的操作步骤如下。

(1)在"零件设计"工作台选择草图支撑面,如侧立面——zx 平面。

(2)进入"草图编辑器"工作台,绘制弯管"中心曲线"(导向线)的草图,如图 2-73(a)所示。

(3)返回"零件设计"工作台,选择 yz 平面绘制弯管轮廓的草图,如图 2-73(b)所示。

表 2-2　常见回转体的草图截形及其轴线位置

	圆柱	圆柱筒	圆锥	圆锥台	球	圆环
草图						
回转体						

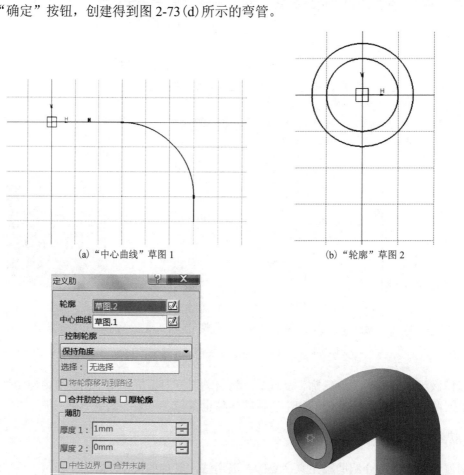

（4）单击肋工具命令图标，弹出图 2-73（c）所示的"定义肋"对话框，定义相关参数，单击"确定"按钮，创建得到图 2-73（d）所示的弯管。

（a）"中心曲线"草图 1　　　　　　　　（b）"轮廓"草图 2

（c）"定义肋"对话框　　　　　　　　（d）弯管实体

图 2-73　"肋"工具命令应用——创建弯管

2.4.4　多截面实体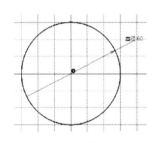——放样体（变径弯头）

以创建变径弯头为例，介绍多截面实体工具命令的一般用法，具体的操作步骤如下。

（1）选择草图支撑面，如水平面——xy 平面，在"草图编辑器"工作台绘制截面 1 的草图，如图 2-74（a）所示。

（2）选择正立面——yz 平面，在"草图编辑器"工作台绘制截面 2 的草图，如图 2-74（b）所示。

（3）选择侧立面——zx 平面，在"草图编辑器"工作台绘制引导线的草图，如图 2-74（c）所示。注意，引导线的两个端点正好位于前两步草图圆心。

（4）返回"零件设计"工作台，单击"多截面实体"工具命令图标，弹出图 2-74（d）所示"多截面实体定义"对话框，分别选择截面 1 和截面 2 两个草图，并调整它们的方向箭头，然后在"引导线"选项卡选择步骤（3）绘制的引导线草图，单击"确定"按钮，创建得到图 2-74（e）所示的变径弯头。

(a) 截面 1 的草图

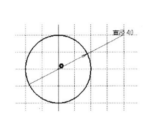

(b) 截面 2 的草图

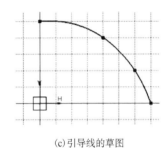

(c) 引导线的草图

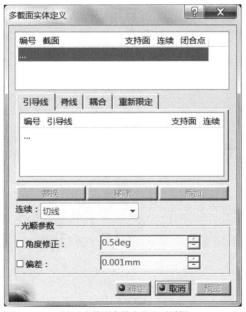

(d)"多截面实体定义"对话框

(e) 变径弯头实体

图 2-74　"多截面实体"工具命令应用——创建变径弯头

2.5　上 机 实 训

1．实训一

在 yz 坐标面绘制图 2-75 所示的草图，并用凸台 🔧 工具命令拉伸成厚度为 10mm 的实体。

步骤 1

步骤 2

(a)

(b)

(c)

步骤 1

步骤 2

(d)

(e)

2-75

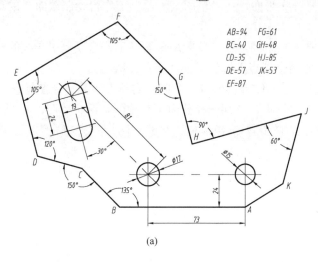

AB=94	FG=61
BC=40	GH=48
CD=35	HJ=85
DE=57	JK=53
EF=87	

(a)

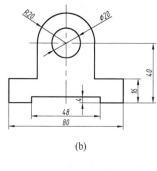

(b)

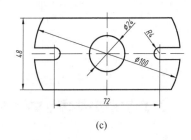

(c)

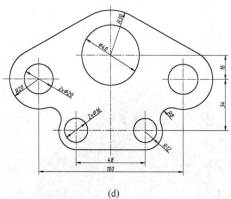

(d)

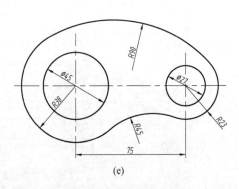

(e)

图 2-75　在 yz 面绘制草图并拉伸成 10mm 厚的实体

2．实训二

在 zx 坐标面绘制图 2-76 所示草图，并用"凸台"🔧 工具命令拉伸成厚度为 20mm 的实体。

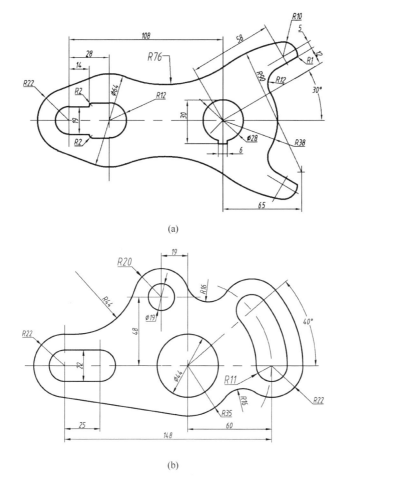

(a)

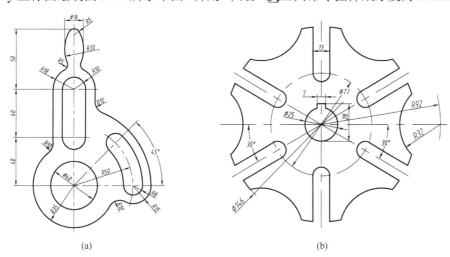

(b)

图 2-76　在 zx 面绘制草图并拉伸成 20mm 厚的实体

3．实训三

在 xy 坐标面绘制图 2-77 所示草图，并用"凸台" 工具命令拉伸成厚度为 30mm 的实体。

(a)　　　　　　　　　　　　(b)

图 2-77　在 xy 面绘制草图并拉伸成 30mm 厚的实体

步骤 1

步骤 2

(a)

步骤 1

步骤 2

(b)

2-76

步骤 1

步骤 2

(a)

步骤 1

步骤 2

(b)

2-77

第 3 章

组合体的实体造型

组合体是由基本体(棱柱、棱锥、圆柱、圆锥、球和圆环等)经叠加、切割等方式组成的形状较为复杂的立体。本章通过组合体造型讲解 CATIA V5 "零件设计"工作台中另外几个基于草图的特征命令("凹槽""旋转槽""孔""开槽""已移除的多截面实体""加强筋"等)、"参考元素"、"几何体之间的布尔操作"、"特征的编辑"以及"变换"等工具命令。

3.1 切割式组合体的实体造型

切割式组合体是从一个基本体中挖切掉若干个基本体而形成的组合体。

CATIA V5 "零件设计"工作台中的"凹槽" 、"旋转槽" 、"孔" 、"开槽" 以及"已移除的多截面实体" 等几个基于草图的特征命令,在建模初期未曾创建一个基础特征时,这些工具命令图标均灰显不可用。只有在创建得到一个基础特征后,它们才亮显,处于可用的状态。可见,这些工具命令是在已有实体基础上才可操作的特征命令,而且是从已有实体上去除材料,适合用于创建切割式组合体。

3.1.1 凹槽

"凸台" 和"凹槽" 都属于拉伸特征,二者的区别在于:"凸台" 是拉伸草图轮廓创建实体,形成凸台;而"凹槽" 则是从已有实体上切除拉伸草图轮廓形成的凸台,形成空腔。实际上,"凹槽" 和"凸台" 的定义对话框几乎完全一样,两者的操作方法也完全相同。

应用实例:以图 3-1 所示的模型为例,举例说明创建"凹槽"特征的操作方法。

(1)打开配套电子文件中的模型文件 ch03\ch0301.CATPart,在"零件设计"工作台显示图 3-1(a)所示的六棱柱。

(2)选择 zx 面(左右对称面),进入"草绘编辑器"工作台,绘制用于截切六棱柱的草图,如图 3-1(b)所示。

(3)返回"零件设计"工作台,单击"凹槽"工具命令图标 ,弹出图 3-1(c)所示的"定义凹槽"对话框,单击"预览"按钮,如果不是所要切割的部分,单击"反转边"进行调整,接着调整"第一限制"的切割"深度"值,使截切面能超出被截切的六棱柱实体,再选择"镜像范围"复选框,可使切割平面对称拓展,最后单击"确定"按钮,完成凹槽特征处理,实现了对六棱柱的截切,得到图 3-1(d)所示的切割式组合体。

注意:(1)上述实例中"凹槽" 的草图轮廓为开放的直线,且贯穿已有实体,随草图直线(也可为折线、曲线等)伸入被截切实体长度和第一限制的深度值大小不同,被切除的实体部分也各异;(2)如果在"凹槽定义"对话框中单击"反转边"按钮,则会切去另一侧的实体,如图 3-2 所示的凹槽实例(模型文件为 ch03\ch0302.CATPart)是选择圆柱上顶面作为草图支撑面绘制一个封闭的矩形草图，在"凹槽定义"对话框中选择"反转边"会得到不同的截切效果。

(a)截切前的六棱柱

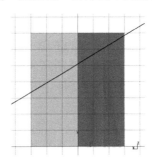

(b)截切六棱柱的草图

(c)"定义凹槽"对话框

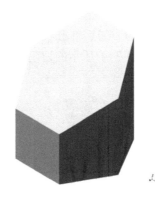

(d)截切后的实体

图 3-1　"凹槽"工具命令应用一

(a)截切前的圆柱体

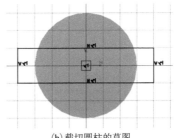

(b)截切圆柱的草图

(c)截切后的实体(默认)

(d)截切后的实体(反转边)

图 3-2　"凹槽"工具命令应用二

3.1.2　旋转槽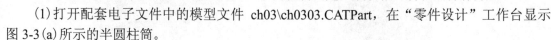

"旋转体" 和"旋转槽" 都属于旋转特征，二者的关系如同"凸台"和"凹槽"的关系，它们的区别在于："旋转体" 是旋转形成实体，增加材料；而"旋转槽" 则是旋转形成空腔，是在已有实体的基础上切除旋转形成的材料。

应用实例：以图 3-3 所示的模型为例，举例说明创建"旋转槽"特征的操作方法。

（1）打开配套电子文件中的模型文件 ch03\ch0303.CATPart，在"零件设计"工作台显示图 3-3（a）所示的半圆柱筒。

（2）选择 zx 面（左右对称面），进入"草绘编辑器"工作台，绘制用于截切半圆柱筒的草图，如图 3-3（b）所示。注意：此处为便于观察截切断面的内部结构，以确定草图位置，单击了"可视化"工具栏上的"按草图平面剪切零件"工具图标按钮。

（3）返回"零件设计"工作台，单击"旋转槽"工具命令图标，弹出图 3-3（c）所示的"定义旋转槽"对话框，定义"第一角度"和"第二角度"值均为"45deg"，再单击"反转边"按钮确认截切部分，最后单击"确定"按钮，完成旋转槽特征处理，即实现了对半圆柱筒的旋转挖切，得到图 3-3（d）所示的切割式组合体。

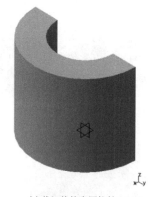

（a）截切前的半圆柱筒

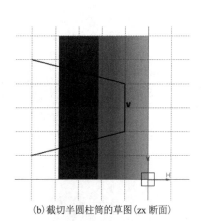

（b）截切半圆柱筒的草图（zx 断面）

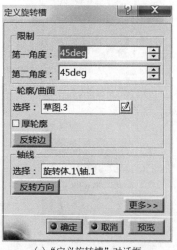

（c）"定义旋转槽"对话框

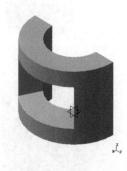

（d）截切后的实体（反转边）

图 3-3　"旋转槽"工具命令应用

3.1.3 孔⊙

孔是机械零件和建筑构件上常见的工艺结构，是在已有实体基础上创建的挖切特征。

单击"孔"工具命令图标⊙，按系统提示选择孔的定位支撑面后，弹出图 3-4 所示的"定义孔"对话框。

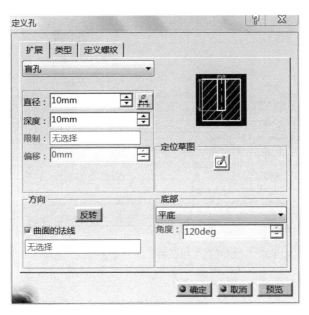

图 3-4 "定义孔"对话框——"扩展"选项卡

可见，"定义孔"对话框包含三个选项卡："扩展""类型""定义螺纹"。图 3-4 所示"扩展"选项卡用于定义孔的直径和深度(扩展类型有五种："盲孔""直到下一个""直到最后""直到平面""直到曲面")、孔的位置(定位草图)、孔的方向(默认为孔支撑面的法线方向)以及盲孔的底部结构(有平底和 V 形底两种)等。"类型"选项卡主要用以定义孔的类型，包括："简单""锥形孔""沉头孔""埋头孔""倒钻孔"五种，如表 3-1 所示。"定义螺纹"选项卡用于定义螺纹孔，如图 3-5 所示，只有选择该对话框左上角"螺纹孔"复选框后，才允许定义螺纹"底部类型"(包括："尺寸""支持面深度""直到平面"三种)和具体的螺纹参数(螺纹类型有三种："公制细牙螺纹""公制粗牙螺纹""非标准螺纹"，定义类型后再定义相关的直径、深度、螺距及旋向等螺纹要素)。

表 3-1 孔类型

类型	简单	锥形孔	沉头孔	埋头孔	倒钻孔
示意图					

应用实例 1：以图 3-6 所示的模型为例，举例说明创建简单通孔的操作方法。

(1)创建图 3-6(a)所示的长方体，其长宽高尺寸为：120mm×60mm×40mm。

(2)选择要创建孔的长方体上顶面，单击"孔"工具命令图标◙。

图 3-5　"定义孔"对话框——"定义螺纹"选项卡

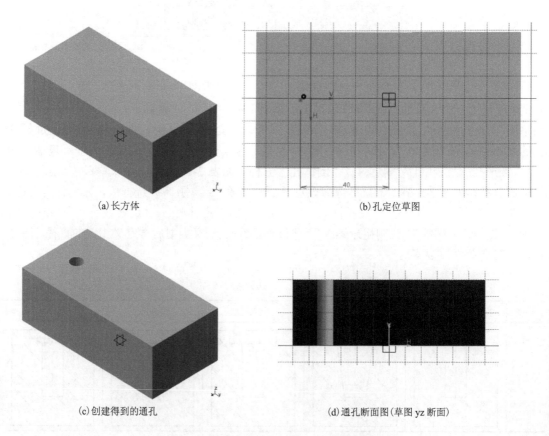

(a)长方体　　　　　　　　　　　　(b)孔定位草图

(c)创建得到的通孔　　　　　　　　(d)通孔断面图(草图 yz 断面)

图 3-6　"孔"特征应用实例——简单通孔

（3）在弹出的"定义孔"对话框"扩展"选项卡中定义孔直径及深度：选择扩展类型为"直到最后"（用于创建通孔）；"孔直径"为"10mm"；并确定孔位置，单击图标☒，按照图 3-6（b）所注尺寸在"草绘编辑器"工作台上约束孔的位置。

（4）定义孔类型：在"类型"选项卡中选择"简单"。

（5）单击对话框中"确定"按钮，完成一个简单通孔的创建，如图 3-6（c）所示。该孔的 yz 断面（前后对称面）如图 3-6（d）所示。

应用实例 2：在图 3-6（c）所示实体基础上继续创建第二个孔——螺纹孔（盲孔，孔深 30mm，V 形底，简单孔，公制粗牙螺纹，公称直径为 M12，螺纹深度为 20mm，右旋），孔定位草图如图 3-7（a）所示，螺纹孔定义参数如图 3-7（b）所示。

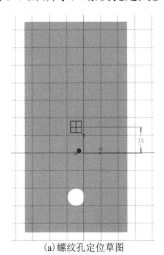
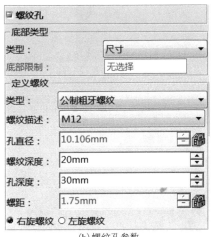

(a) 螺纹孔定位草图　　　　　(b) 螺纹孔参数

图 3-7　"孔"特征应用实例——螺纹孔

应用实例 3：接着创建第三个孔——沉头孔（通孔直径 10mm），孔定位草图如图 3-8（a）所示，沉头孔参数如图 3-8（b）所示。

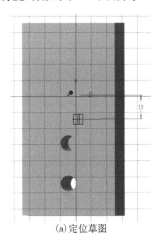
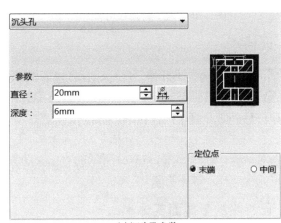

(a) 定位草图　　　　　(b) 沉头孔参数

图 3-8　"孔"特征应用实例——沉头孔

应用实例 4：创建第四个孔——埋头孔（通孔直径 10mm），孔定位草图如图 3-9（a）所示，埋头孔参数如图 3-9（b）所示。

以上应用实例 1～4 最终所创建的四个孔的实体模型及断面图如图 3-10 所示。

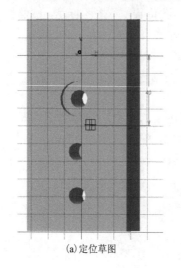

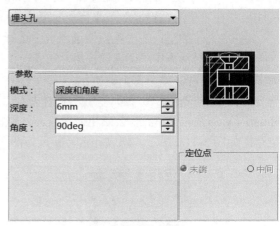

(a) 定位草图　　　　　　　　　　　(b) 埋头孔参数

图 3-9　"孔"特征应用实例——埋头孔

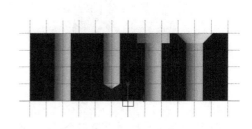

(a) 四个孔的实体模型　　　　　　　(b) 四个孔的断面图(草图 yz 断面)

图 3-10　"孔"特征应用实例——简单通孔、螺纹孔、沉头孔和埋头孔

3.1.4　开槽

"肋"(扫掠体)与"开槽"(扫掠除料)都属于扫掠特征，二者的关系如同"凸台"和"凹槽"以及"旋转体"和"旋转槽"的关系。它们的区别在于：肋是扫掠轮廓生成实体，增加材料；而开槽是扫掠轮廓形成沟槽或空腔，是在已有实体的基础上移除材料。

在已有实体基础上，单击"开槽"(扫掠除料)工具命令图标，弹出图 3-11 所示的"定义开槽"对话框，经对比图 2-73(c) 所示的"定义肋"对话框，二者内容完全相同，操作方法和步骤也完全一样，故不再赘述。

3.1.5　已移除的多截面实体

"已移除的多截面实体"是通过对多个截形的放样在已有实体上去除材料生成的特征。

"已移除的多截面实体"与"多截面实体"的关系如同前述的"凹槽"和"凸台"、"旋转槽"和"旋转体"，以及"开槽"(扫掠除料)与"肋"(扫掠体)之间的关系，它们的区别在于：一个是在已有实体的基础上移除材料，而另一个是增加材料。

在已有实体基础上，单击"已移除的多截面实体"工具命令图标，弹出图 3-12 所示的
"已移除的多截面实体定义"对话框，经对比图 2-74(d)所示的"多截面实体定义"对话框，
二者内容完全相同，操作方法和步骤也完全一样，故不再赘述。

图 3-11　"定义开槽"对话框

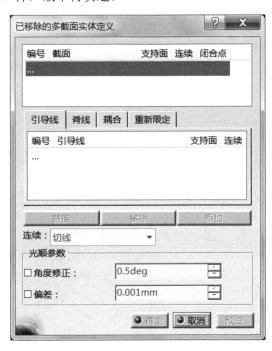

图 3-12　"已移除的多截面实体定义"对话框

3.2　叠加式组合体实体造型

叠加式组合体是将若干个基本体像搭积木一样叠加在一起组成的形状更为复杂的组合体。

应用实例：以图 3-13(a)所示的模型为例，举例说明创建叠加式组合体的方法。

(1)对组合体进行形体分解，将其分解为六棱柱和圆柱体两部分，如图 3-13(b)所示。

(2)分析各组成部分的位置和表面关系，显然，圆柱体位于六棱柱的正上方，前者下底面
和后者上顶面贴合，二者在左右和前后两方位均处于对称位置。

(3)创建其中一个基础特征，如位于下部的六棱柱，用"凸台"工具命令，选择 xy 面(水
平面)作为草图支撑面，绘制截形草图——正六边形，如图 3-13(c)所示，其拉伸要求的高度为
20mm。

(4)创建第二个叠加特征，位于上部的圆柱体，使用"凸台"或"旋转体"工具命令
均可，如果使用"凸台"工具命令，最好选六棱柱的上顶面作为绘制圆柱截形——圆的草图
支撑面，如图 3-13(d)所示，拉伸高度 70mm；如果使用"旋转体"工具命令，选择 yz 面或
zx 面作为绘制圆柱回转截形——矩形的草图支撑面，如图 3-13(e)所示。

可见，由多个基本体组成的叠加式组合体造型的关键是形体分解，一旦创建得到一个基础
特征，其他的即可以此为基础逐个叠加创建；创建其他特征草图时，既可以选择系统坐标面，
也可以选择已有实体表面作为绘制草图的支撑面。

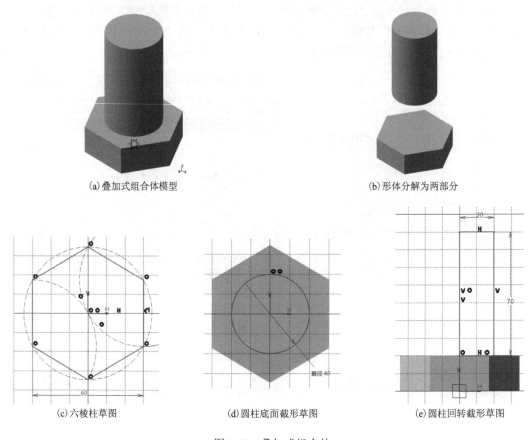

(a) 叠加式组合体模型   (b) 形体分解为两部分

(c) 六棱柱草图   (d) 圆柱底面截形草图   (e) 圆柱回转截形草图

图 3-13   叠加式组合体

3.3   创建参考元素

在实体造型过程中，特别是线面结构复杂的实体造型，仅靠三个系统坐标面以及已有实体的表面作为草图支撑面，已经不能满足设计需要，而是需要额外再创建一些点、线、面等参考要素。例如，在创建"凸台" 🗗 或"凹槽" 🗗 拉伸特征时，当拉伸方向为非草图平面法线方向时，就需要创建参考直线以定义其拉伸方向；在创建"肋" 🗗 或"开槽" 🗗 扫掠特征时，往往要求轮廓草图平面与中心曲线垂直，也需要创建曲线的法向平面；而在创建"多截面实体" 🗗 和"已移除的多截面实体" 🗗 放样特征时，也需要创建多个空间不同方位的参考平面，等等。

创建空间点、线、面等参考元素的工具命令图标位于"参考元素"工具栏上，如图 3-14 所示。本节只介绍一些常用的创建点、线、面的方法，更复杂的请参见第 5 章的介绍。

3.3.1   参考点 ■

"点" ■ 工具命令用于创建空间点。点是构成几何体最基本的元素，由空间的两个点可以构造一条直线，由不在一条直线上的三个点则可以构造一个平面，所以，创建点是最为基础和重要的操作。

单击图 3-14 所示"参考元素"工具栏上的"点"工具命令图标 ■，弹出图 3-15(a) 所示的"点定义"对话框，从中选择图 3-15(b) 所示的点类型，定义相关参数，创建参考点。

| (a)"点定义"对话框 | (b)点类型 |

图 3-14　"参考元素"工具栏　　　　图 3-15　"点定义"对话框及点类型

点类型共有七种:"坐标""曲线上""平面上""曲面上""圆/球面/椭圆中心""曲线上的切线(切点)""(两点)之间"。

下面仅介绍通过坐标创建点和位于圆/球面中心的点等两种。

1. 通过坐标创建点

在图 3-15(a)所示的"点定义"对话框中选择点类型为"坐标",即通过输入点的三个坐标值 x、y 和 z 创建点。

(1)创建绝对坐标点,即相对于坐标原点的空间点,只需在"点定义"对话框"X="、"Y="和"Z="等坐标文本框中键入相应的坐标值,确认即可。如创建空间点(50, -60, 70)对应的"点定义"对话框和创建所得点预览如图 3-16 所示。

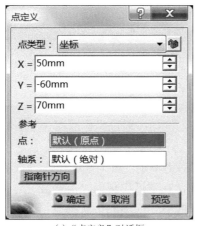

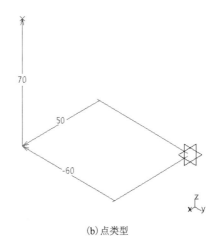

(a)"点定义"对话框　　　　　　　　　　　(b)点类型

图 3-16　"点"工具命令应用实例——点(50, -60, 70)

(2)创建相对坐标点,即相对于某一特定空间点的点,需要首先单击位于"点定义"对话框下部的参考"点:"选择条,然后拾取一个参考点或通过右键快捷菜单创建一个参考点,然后再在对话框上部的"X="、"Y="和"Z="等坐标文本框中键入相应的坐标值(此处为相对坐标:Δx,Δy 和Δz),确认即可。

2. 位于圆/球面中心点

创建位于圆/球面中心点，只需两步：第一，从"点定义"对话框中选择点类型为"圆/球面/椭圆中心"；第二，从几何体上拾取圆/球面，即可创建获得中心点。

3.3.2 参考直线 /

单击图 3-14 所示"参考元素"工具栏上的"直线"工具命令图标 /，弹出"直线定义"对话框，如图 3-17(a)所示，从中选择所需的线型并定义相关参数来创建参考直线。

由图 3-17(b)所示"线型"下拉列表可见共有 6 种线型："点-点""点-方向""曲线的角度/法线""曲线的切线""曲面的法线""角平分线"。

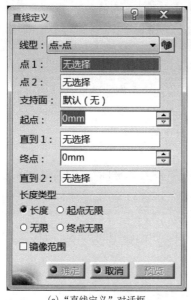

(a)"直线定义"对话框   (b)线型

图 3-17 "直线定义"对话框及线型

下面仅介绍通过"点-点"和"点-方向"两种方式创建直线。

1. 通过"点-点"创建直线

线型"点-点"是通过已知的两个点来创建直线。例如：通过坐标原点(0, 0, 0)和图 3-16 创建的点(50, −60, 70)创建直线，如图 3-18 所示。

在"直线定义"对话框中选择"点-点"线型后，右键单击"点 1："选择条，弹出图 3-18(a) 所示的光标快捷菜单，选择其中的菜单项"创建点"，在随后出现的"点定义"对话框中通过输入坐标(0, 0, 0)创建得到第一个点；观察发现对话框中"点 2："的选择条已亮显，系统提示选择第二个点，直接在屏幕选择先前已创建的点(50, −60, 70)，出现图 3-18(b)所示的预览，单击"确定"按钮后即可完成直线的创建。

2. 通过"点-方向"创建直线

线型"点-方向"是通过已知的一个点和一条直线来创建直线。例如：通过 z 轴上的一点(0, 0, 40)和图 3-18 创建的直线来创建一条直线，如图 3-19 所示。

在"直线定义"对话框中选择"点-直线"线型后，弹出图 3-19(a)所示的"直线定义"对话框，右键单击"点："选择条，选择光标快捷菜单中的菜单项"创建点"，在随后出现的"点定义"对话框中通过输入坐标(0, 0, 40)创建得到一个点；观察发现对话框中"方向："的选择条已亮显，系统提示选择定义方向的直线，直接在屏幕选择先前已创建的直线(图 3-18)，出现图 3-19(b)所示的预览，单击"确定"按钮后即可完成直线的创建。

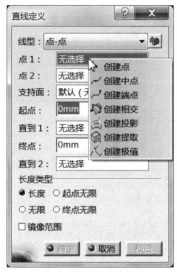

(a)"直线定义"对话框

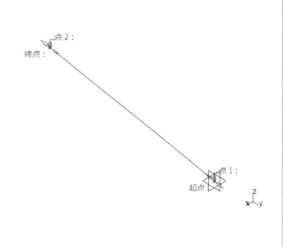

(b)线型"点-点"

图 3-18　"直线"工具命令应用实例——"点-点"

(a)"直线定义"对话框

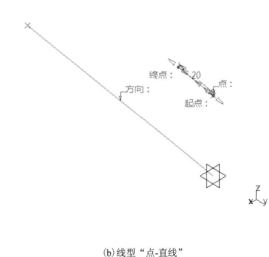

(b)线型"点-直线"

图 3-19　"直线"工具命令应用实例——"点-直线"

3.3.3　参考平面 ⟋

单击图 3-14 所示"参考元素"工具栏上的"平面"工具命令图标 ⟋，弹出"平面定义"对话框，如图 3-20(a)所示，从中选择所需的平面类型并定义相关参数来创建参考平面。

"平面定义"对话框中"平面类型"下拉列表如图 3-20(b)所示，共有 11 种平面类型："偏移平面""平行通过点""与平面成一定角度或垂直""通过三个点""通过两条直线""通过点和直线""通过平面曲线""曲线的法线"（"Normal to curve"，应为"曲线的垂直面"，也即法向面）"曲面的切线""方程式""平均通过点"。

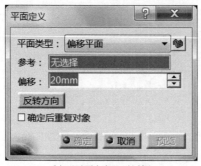

(a)"平面定义"对话框

(b)平面类型

图 3-20 "平面定义"对话框及平面类型

下面仅介绍"偏移平面""与平面成一定角度或垂直""曲线的法线"（曲线的法向面)三种常用参考平面的创建方法。

1. 偏移平面

"偏移平面"是指一个与已有平面(坐标面或实体表面)等距的(平行的)参考平面。

以创建 xy 平面(水平面)的平行面为例介绍"偏移平面"的操作方法。

在"平面定义"对话框中选择平面类型为"偏移平面"后，按系统提示"选择要偏移的平面"，本例是要创建 xy 平面(水平面)的平行面，故选 xy 平面，此时的"平面定义"对话框如图 3-21(a)所示，并同时出现图 3-21(b)所示的预览图，接着在对话框"偏移"文本框中键入偏移距数值，或者通过拖拽预览图上的移动箭头实现快速动态调整偏移距离，单击"确定"按

(a)"平面定义"对话框

(b)xy 平面的平行面预览

(c)"复制对象"对话框

(d)复制得到的多个偏移平面

图 3-21 "平面"工具命令应用实例——"偏移平面"

钮后即可创建一个 xy 平面的平行面；如果要一次性创建多个偏移平面，则在单击"确定"按钮之前选择对话框下面的"确定后重复对象"复选框，将弹出图 3-21(c)所示的"复制对象"对话框，在"实例"文本框中键入复制平面的个数，如 2，结果如图 3-21(d)所示。

2. 与平面成一定角度或垂直

"与平面成一定角度或垂直"是指一个与已有平面成一定角度的倾斜参考平面，或者垂直的参考平面。

在图 3-21(b)所示实例(xy 平面向上偏移 50mm 创建得到一个参考平面)基础上，将该参考平面绕 y 轴旋转 45°或旋转至垂直状态，以此为例介绍"与平面成一定角度或垂直"的操作方法。

单击"平面"工具命令图标 ，在弹出的"平面定义"对话框中选择平面类型为"与平面成一定角度或垂直"，如图 3-22(a)所示；按系统提示依次选择旋转轴(右键快捷菜单中选择 y 轴)、选择参考平面(直接选择图 3-21(b)创建得到的参考平面)，选择"把旋转轴投影到参考平面上"复选框，并在"角度"文本框中键入旋转角度值"45deg"，完成以上定义参数后的"平面定义"对话框如图 3-22(b)所示；对应的预览如图 3-22(c)所示，此时如果单击"确定"按钮将完成参考平面的创建；如果旋转成垂直，则不用在"角度"文本框中输值，而是单击"平面法线"("Normal to plane"，平面的垂直面)按钮，所创建的参考平面预览如图 3-22(d)所示。

(a)"平面定义"对话框(初始)

(b)"平面定义"对话框(定义完参数)

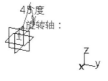

(c)倾斜面预览

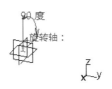

(d)垂直面预览

图 3-22　"平面"工具命令应用实例——"与平面成一定角度或垂直"

3. 曲线的法线（曲线的法向面）

"曲线的法线"此处是指一个与已有曲线（或直线）垂直的法向面。

应用实例： 以创建螺旋线的法向面为例介绍"曲线的法线"的操作方法。

（1）打开配套电子文件 ch0323.CATPart，一条螺旋线，如图 3-23（a）所示。

（2）单击"平面"工具命令图标 ▱ ，弹出"平面定义"对话框。

（3）选择对话框中的平面类型为"曲线的法线"，如图 3-23（b）所示，按系统提示"选择参考曲线"，直接选择螺旋线，立刻出现图 3-23（c）所示的预览图，默认在所选曲线的中点创建一个与该曲线垂直的法向面；也可选择曲线上的其他点（如曲线下端点）创建法向面，如图 3-23（d）所示。

创建得到该螺旋线的法向面后，以该法向面为草图支撑面绘制一个直径为 10mm 的圆，作为"轮廓"，以螺旋线作为"中心曲线"，使用肋 ▱ 工具命令即可创建一个圆柱形螺旋体。

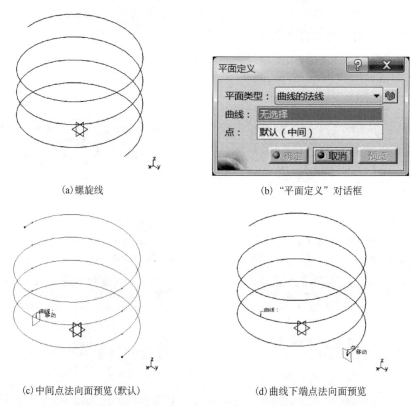

(a) 螺旋线   (b) "平面定义"对话框

(c) 中间点法向面预览（默认）   (d) 曲线下端点法向面预览

图 3-23   "平面"工具命令应用实例——"曲线的法线"（实为"曲线的法向面"）

3.4 加 强 筋

加强筋是零件上常见的起增强其强度和刚度作用的薄板结构。

应用实例： 以创建图 3-24 所示加强筋为例，介绍"加强筋" ▱ 命令的操作方法。

创建图 3-24（a）所示的组合体，首先对其进行形体分解，假想分解为图 3-24（b）所示的四部分，并创建由大圆柱筒、小圆柱筒及连接板三个基本形体组成的叠加式组合体（配套电子文件 ch0324a.CATPart，绘制连接板草图时使用"操作"工具栏上的"投影 3D 元素"![icon]工具命令，快速获得所连接的两个圆柱的投影"圆"），在此基础上创建加强筋，具体的操作方法如下。

(1)在"零件设计"工作台，选择加强筋草图支撑面——yz 平面(前后对称面)。

(2)进入"草图编辑器"工作台，绘制加强筋的草图(注意其轮廓直线沿两个方向延伸要能交于实体)，如图 3-24(c)所示。

(3)返回"零件设计"工作台，单击"加强筋"工具命令图标![icon](单击"实体混合"工具命令图标![icon]右下角黑色三角即可发现)，弹出"定义加强筋"对话框，如图 3-24(d)所示，在"厚度 1"文本框中键入加强筋厚度值 6mm，单击"确定"按钮，完成加强筋的创建。

(a)组合体

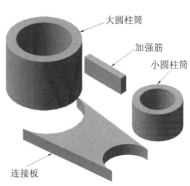

(b)形体分解

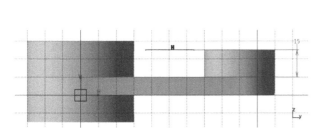

(c)加强筋草图

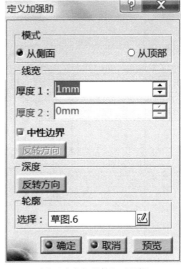

(d)"定义加强筋"对话框

图 3-24　"加强筋"工具命令应用实例

3.5　综合式组合体实体造型

综合式组合体是由若干个基本体通过叠加和切割而形成的形状和结构更为复杂的组合体。

应用实例：以图 3-25(a)所示的轴承座模型为例，说明创建综合式组合体的一般方法。

(1)形体分解，将复杂形状和结构的轴承座组合体假想分解为底板、轴承、支撑板、肋板和凸台五个简单的部分，如图 3-25(b)所示，并分析各组成部分的形状和彼此之间的位置关系。

(2)创建基础特征——底板，通过四步完成：第一，选择 xy 平面绘制底板底面截形草图，如图 3-26(a)所示；第二，用"凸台" 🔲 工具命令向上拉伸板厚 15mm 创建实体；第三，选择底板后表面绘制底面前后通槽的截形草图，如图 3-26(b)所示；第四，用"凹槽" 🔲 工具命令挖切，选择"直到最后"成通槽，完成底板造型，如图 3-25(b)所示。

(a)实体模型

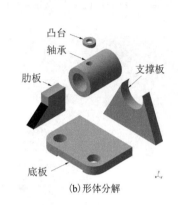

(b)形体分解

图 3-25　综合式组合体——轴承座

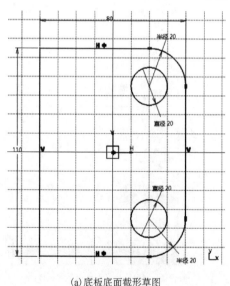

(a)底板底面截形草图

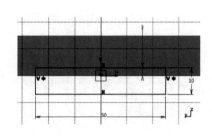

(b)前后通槽截形草图

图 3-26　综合式组合体——轴承座——底板

(3)创建轴承，选择 zx 平面绘制轴承截形草图，如图 3-27 所示，用旋转体 🔲 命令创建圆柱筒，完成轴承造型(此处省去上部注油孔造型)，如图 3-25(b)所示。

(4)创建支撑板，选择底板后表面绘制支撑板截形草图(可用"投影 3D 元素" 🔲 命令快速得到轴承外圆及底板上表面的轮廓线)，如图 3-28 所示，用"凸台" 🔲 命令向前拉伸板厚 15mm，完成支撑板造型，如图 3-25(b)所示。

(5)创建肋板，选择 zx 平面绘制肋板截形草图，如图 3-29 所示，用"加强筋" ✎ 命令创建得到厚度为 15mm 的肋板，如图 3-25(b)所示。

(6)创建凸台，先创建 xy 平面向上偏移 105mm 的参考平面(凸台上表面)，选择该面绘制凸台的截形草图，如图 3-30 所示，用"凸台" ⬚ 工具命令拉伸到轴承外圆柱表面，创建得到凸台(此处省去注油孔)，如图 3-25(b)所示。

(7)创建注油孔，选择凸台上表面，用"孔" ⬚ 工具命令创建与轴承孔相通的孔(φ10)。

通过以上建模，创建得到复杂形状和结构的综合式组合体——轴承座的实体模型，如图 3-25(a)所示。

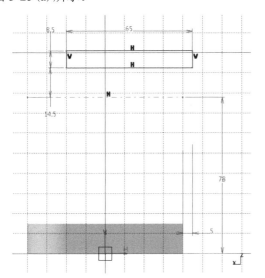

图 3-27 综合式组合体——轴承座——轴承

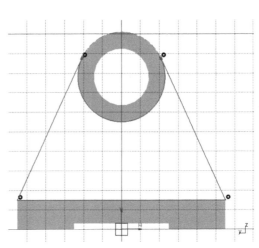

图 3-28 综合式组合体——轴承座——支撑板

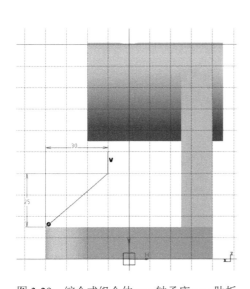

图 3-29 综合式组合体——轴承座——肋板

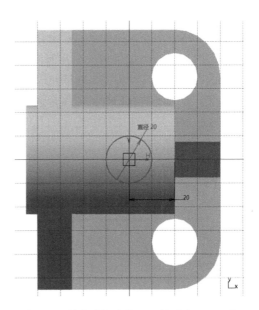

图 3-30 综合式组合体——轴承座——凸台

3.6　几何体之间的布尔操作

几何体之间的布尔操作提供了一种通过简单基本体之间的集合运算——并(∪)、交(∩)以及差(−)，拼合构成复杂组合体的有效方法。以长方体和圆柱体之间的集合运算为例的布尔操作原理示意图如图 3-31 所示。

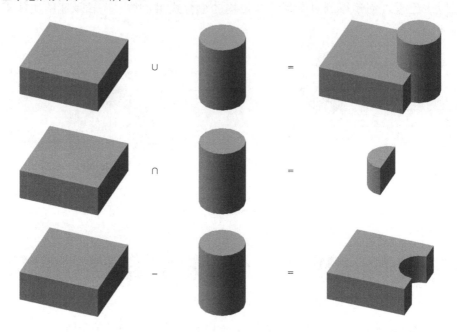

图 3-31　几何体之间的集合运算原理示意图

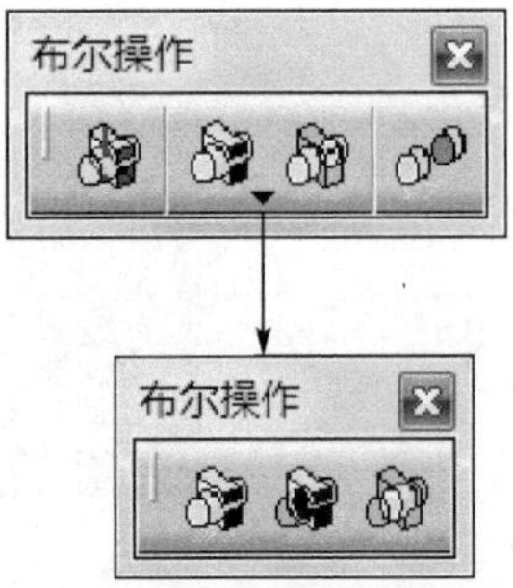

在 CATIA V5 中布尔操作工具栏如图 3-32 所示。"添加" 📦 是将选定的几何体添加到另一个几何体上，取二者整体，即集合运算的"并(∪)"；"相交" 📦 是使选定的几何体与另一个几何体相交，取二者共有部分，即集合运算的"交(∩)"；"移除" 📦 是从另一个几何体上移除选定的几何体，即集合运算的"差(−)"。

3.6.1　插入几何体

在"零件设计"工作台，新建零件默认只有"零件几何体"一个实体工作对象，而几何体之间的布尔操作是针对两个几何体实施的操作，要通过布尔操作创建复杂组合体，首要任务是根据建模需要插入"零件几何体"之外其他的几何体。

默认的"零件几何体"作为基础几何体，其下对象不能作为要装配(添加、移除或相交)到其他几何体中的几何体，但是可以作为被装配(添加、移除或相交)到的目标几何体，而其他几何体则被看作附加几何体。

插入几何体的方法是：在"插入"下拉菜单中选择"几何体"菜单项命令，即可在当前零

图 3-32　"布尔操作"工具栏

件模型中插入一个新的几何体。当插入多个几何体时系统会自动为其依次命名为"几何体.2""几何体.3""几何体.4"等，并且最后插入的"几何体"被默认为当前的工作对象，其结构树上的名称下有一条下划线，如图 3-33(a)所示("几何体.4")，新建立的特征将被自动添加到该几何体下的特征。

在建模过程中可以根据需要将某一几何体定义为当前工作对象，操作方法是：在结构树上欲被定义为当前工作对象的几何体名称(如"几何体.2")上单击鼠标右键，在图 3-33(b)所示的快捷菜单中选择"定义工作对象"菜单项，即可完成新工作对象的定义，如图 3-33(c)所示。

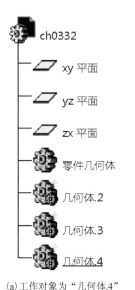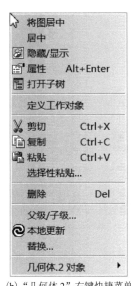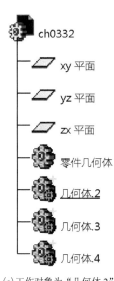

(a)工作对象为"几何体.4"　　(b)"几何体.2"右键快捷菜单　　(c)工作对象为"几何体.2"

图 3-33　结构树示例——插入几何体并定义工作对象

"零件几何体"下的第一个特征只允许是增料特征，而不能是除料特征。而其他的几何体则没有这个限制，其下的第一个特征可以是凹槽或旋转槽等除料特征，且在实体中可见。

3.6.2　装配

"装配"工具命令是将选定的几何体装配(合并)到另一个几何体上。"装配"时，如果两个几何体都是增料特征，就把二者合并成一个"装配"实体特征；如果其中的一个几何体中有除料特征，则在生成的特征中移除该特征的材料。

应用实例： 以图 3-34(a)所示的模型为例(在"零件几何体"下创建一个圆柱体，在插入的"几何体.2"下创建一个四棱柱)，介绍"装配"工具命令的操作方法。

(1)单击图 3-32 所示"布尔操作"工具栏上的"装配"工具命令图标，弹出"装配"对话框，如图 3-34(b)所示。

(2)选择四棱柱，"装配"对话框如图 3-34(c)所示，由于本例零件中只有两个几何体，默认将"几何体.2"四棱柱装配到"零件几何体"圆柱中，单击"确定"按钮，完成"装配"操作后的结构树如图 3-34(d)所示。如果有两个以上的几何体，则需要选定将四棱柱装配到的目标几何体。

应用实例

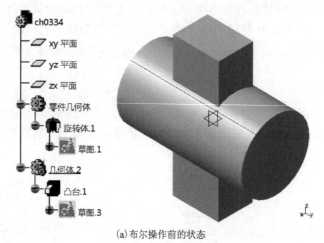

(a)布尔操作前的状态

(b)"装配"对话框

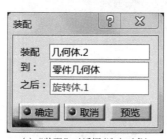

(c)"装配"对话框(选定对象)

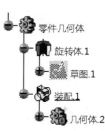

(d)"装配"后的结构树

图 3-34　布尔操作——"装配"工具命令应用实例

　　装配后的实体从外表看仍同装配前的样子,但是从装配前后结构树对比看,四棱柱和圆柱体已经装配成为一个整体。

3.6.3　添加

　　"添加"工具命令是将选定的几何体添加到另一个几何体上,将两个几何体合并为一个整体。"添加"不同于"装配"之处是:无论参与操作的两个几何体中是增料特征还是除料特征,在执行"添加"操作之后都将把它们合并成一个"添加"特征。

　　应用实例:仍以图 3-34(a)所示的模型为例,介绍"添加"工具命令的操作方法。

　　(1)单击图 3-32 所示"布尔操作"工具栏上的"添加"工具命令图标,弹出"添加"对话框,如图 3-35(a)所示。

应用实例

(a)"添加"对话框

(b)"添加"对话框(选定对象)

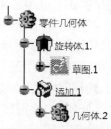

(c)"添加"后的结构树

图 3-35　布尔操作——"添加"工具命令应用实例

（2）选择四棱柱，"添加"对话框如图 3-35（b）所示，由于本例零件中只有两个几何体，默认将"几何体.2"四棱柱实体添加到"零件几何体"中，单击"确定"按钮，完成"添加"操作后的结构树如图 3-35（c）所示。如果有两个以上的几何体，则需要选定将四棱柱添加到的目标几何体。

添加后的实体从外表看仍同操作前的样子，但是从添加前后结构树对比看，四棱柱和圆柱体已经合成为一体。

3.6.4　移除

"移除"工具命令是从另一个几何体上移除选定的几何体。

应用实例：仍以图 3-34（a）所示的模型为例，介绍"移除"工具命令的操作方法。

（1）单击图 3-32 所示"布尔操作"工具栏上的"移除"工具命令图标，弹出"移除"对话框，如图 3-36（a）所示。

应用实例

（2）选择四棱柱，由于本例零件中只有两个几何体，默认将"几何体.2"四棱柱实体从"零件几何体"圆柱体中移除，完成移除操作后的实体及其对应的结构树如图 3-36（b）所示。如果有两个以上的几何体，则需要选定将四棱柱从中移除的目标几何体。

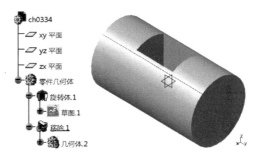

(a)"移除"对话框　　　　　　(b)"移除"后的实体及其结构树

图 3-36　布尔操作——"移除"工具命令应用实例

3.6.5　相交

"相交"工具命令是使选定的几何体与另一个几何体相交，取二者的共有部分。

应用实例：仍以图 3-34（a）所示的模型为例，介绍"相交"工具命令的操作方法。

（1）单击图 3-32 所示"布尔操作"工具栏上的"相交"工具命令图标，弹出"相交"对话框，如图 3-37（a）所示。

应用实例

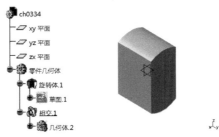

(a)"相交"对话框　　　　　　(b)"相交"后的实体及其结构树

图 3-37　布尔操作——"相交"工具命令应用实例

(2)选择四棱柱，由于本例零件中只有两个几何体，默认与"零件几何体"圆柱体相交，完成相交操作后的实体及其对应的结构树如图 3-37(b)所示。如果有两个以上的几何体，则需要选定四棱柱与之相交的目标几何体。

3.7 编 辑 特 征

3.7.1 特征的编辑

特征的编辑是指对定义特征的相关参数及选项进行修改以满足设计要求。

应用实例：以图 3-38(a)所示模型为例，举例说明特征编辑的操作方法。

(1)打开配套电子文件 ch0338.CATPart，实体模型及其对应的特征结构树如图 3-38(a)所示。该模型由一大一小两圆柱轴线垂直相交(正交)组成的相贯体，大圆柱对应结构树上的"旋转体.1"特征，其轴线与 y 轴重合；小圆柱对应结构树上的"凸台.1"特征，其轴线与 z 轴重合，且该相贯体前后对称、左右对称，处于竖直位置小圆柱的上顶面处于"平面.1"参考平面上，等等。

应用实例

(2)编辑小圆柱特征"凸台.1"，通常情况下是直接双击小圆柱模型，或者双击结构树上的"凸台.1"，也可在结构树上选择"凸台.1"右键快捷菜单→凸台.1 对象→"定义…"菜单项，以上三种方式都可弹出图 3-38(b)所示的"定义凸台"对话框，根据设计需要修改其中的任一参数或选项，实现对该特征的编辑。更改对话框中第一极限类型为"尺寸"，增大拉伸长度值可使小圆柱向下贯穿大圆柱，如图 3-38(c)所示；单击对话框中的草图图标，切入"草图编辑器"工作台，可对该特征的轮廓进行编辑，如修改其直径值使与大圆柱的相同(图 3-38(d))，甚至可以彻底修改草图由圆变为矩形，如图 3-38(e)所示。

(3)方法同(2)，可以编辑大圆柱的"旋转体.1"特征。

(4)双击结构树上的"平面.1"，可在弹出的"平面定义"对话框中对该参考平面进行重新定义，改变小圆柱上端面的方位等。

注意：当特征处于编辑状态时，模型上会以尺寸的形式显示定义该特征的所有草图约束和特征参数，双击相关尺寸将会弹出"约束定义"或"参数定义"对话框，调整或重新输值并确认，可通过尺寸驱动改变特征的大小，实现对特征的快速编辑。

3.7.2 删除特征

删除特征的操作方法如下。

(1)在欲删除特征的右键快捷菜单中选择"删除"菜单项命令，或者在选中欲删除的特征后单击键盘上的 Delete 键，都将弹出"删除"对话框，如图 3-39(a)所示。

(2)选择是否删除聚集元素。此处需先弄清特征的父子关系，在欲删除特征的右键快捷菜单中选择"父级/子级…"菜单项命令，弹出图 3-39(b)所示的"父级和子级"对话框，显示该特征的父子关系，其中亮显的是选中的特征，父级位于其左侧，即该特征的草图，而子级位于其右侧，即基于当前特征而创建的特征。再弄清聚集元素的概念，它是指所选特征的父级特征，即本例中的"草图.2"。所以，如果在"删除"对话框中选择"删除聚集元素"复选框，则选中的特征及其草图都将被一次性删除；否则，只删除特征而保留草图。

(3)单击"确定"按钮，完成特征的删除。

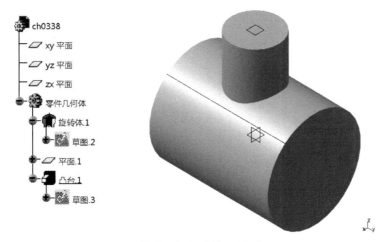

(a)编辑前的实体及其特征结构树

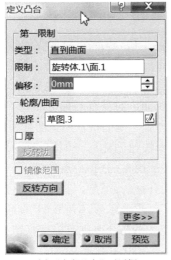

(b)"定义凸台"对话框

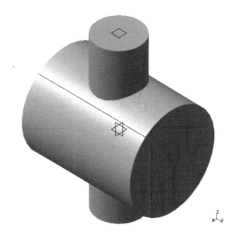

(c)使小圆柱贯穿大圆柱

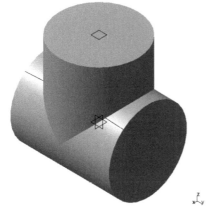

(d)使小圆柱与大圆柱等直径

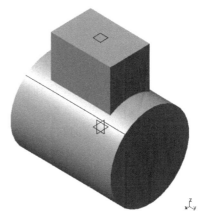

(e)重定义草图截形为矩形

图 3-38　编辑特征应用实例

(a)"删除"对话框

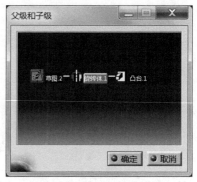

(b)"父级和子级"对话框

图 3-39　"删除"对话框和"父级和子级"对话框

3.8　变　换　特　征

变换特征是指对已有的特征对象实施空间位置的变换(平移、旋转、对称等)、镜像、阵列(矩形阵列、圆形阵列、用户阵列)以及缩放等操作,相关的工具命令图标位于"变换特征"工具栏,如图 3-40 所示,灵活使用这些工具命令可以简化建模程序、避免重复操作、提高建模

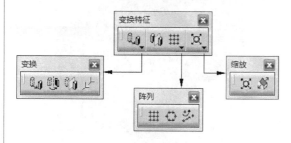

图 3-40　"变换特征"工具栏

效率。例如,对具有对称分布特点的特征,在创建得到一侧的特征后,则可利用"镜像"工具命令快速创建另一侧的特征;对具有矩阵(或环形均布)分布特点的特征,在创建得到其中的一个特征后,其余的则可利用"矩形阵列"(或"环形阵列")工具命令快速创建;而"缩放"命令则可以变换特征的大小,等等。

3.8.1　平移🔲、旋转🔲和对称🔲

"平移"🔲、"旋转"🔲和"对称"🔲这三个工具命令图标均位于图 3-40 所示的"变换特征"工具栏的"变换"子工具栏上。利用"平移"🔲工具命令可以将特征从一个位置平移到另一个位置,"旋转"🔲工具命令可以将特征旋转一定角度,"对称"🔲工具命令则可以将特征变换到指定对称面的对称位置而得到其对称体。

下面以实例说明"平移"🔲、"旋转"🔲和"对称"🔲这三个工具命令的具体操作方法。

打开配套电子文件 ch0341.CATPart,如图 3-41 所示,该模型为变换前的原始模型,分析图 3-41(a)中特征结构树可知该零件实体包含两个几何体:基础特征"零件几何体"(下面的底座)和"几何体.2"(上面的圆柱凸台)。底座相对于 zx 面左右对称,相对于 yz 面前后对称;圆柱凸台叠加在底座之上,前后对称,且为当前工作对象。

1.平移🔲

应用实例:对图 3-41 所示模型中"几何体.2"(圆柱凸台)实施平移操作。

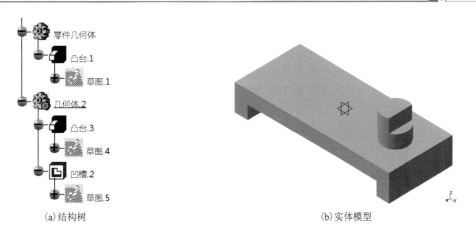

(a)结构树　　　　　　　　　　　　(b)实体模型

图 3-41　变换特征——变换前的实体模型及其特征结构树

(1)选择圆柱凸台，单击"平移"工具命令图标 🔧，弹出图 3-42(a)所示的"平移定义"对话框，与此同时弹出图 3-42(b)所示的"问题"消息对话框，单击该消息对话框"是"按钮，接受平移变换。

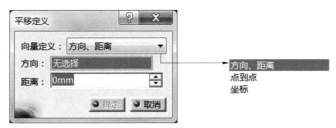

(a)"平移定义"对话框及其向量定义类型

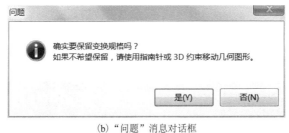

(b)"问题"消息对话框

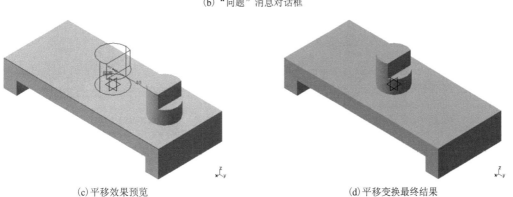

(c)平移效果预览　　　　　　　　　　(d)平移变换最终结果

图 3-42　变换特征——"平移"工具命令应用实例

（2）按"平移定义"对话框中默认的向量定义类型"方向、距离"，在方向选择框的右键快捷菜单中选择 y 轴方向作为平移方向，会出现图 3-42（c）所示的圆柱凸台平移效果预览，此时既可以通过拖动预览箭头平移对象，也可在"距离"文本框中直接键入平移数值，如-40，并单击"确定"按钮，完成"平移"变换操作，得到图 3-42（d）所示的结果。

2. 旋转

应用实例：对图 3-41 所示模型中"几何体.2"（圆柱凸台）实施旋转操作。

（1）选择圆柱凸台，单击"旋转"工具命令图标，弹出图 3-43（a）所示"旋转定义"对话框，同时弹出图 3-42（b）所示"问题"消息对话框，单击该消息对话框"是"按钮，接受旋转变换。

（2）按"旋转定义"对话框中默认的"定义模式"类型"轴线-角度"，在"轴线"选择框的右键快捷菜单中选择 z 轴为旋转轴，圆柱凸台将绕着系统坐标 z 轴旋转，预览如图 3-43（b）所示；如果要选圆柱凸台自身的轴线，可以在按住键盘上 Shift 键同时将鼠标移至圆柱凸台，并在显示捕捉其轴线时单击鼠标左键拾取，预览如图 3-43（c）所示，再在"角度"输值框中键入-90deg（逆时针方向为正），并单击"确定"按钮，完成"旋转"变换操作，得到图 3-43（d）所示的结果。

（a）"旋转定义"对话框

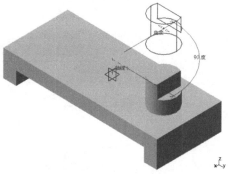
（b）旋转变换预览（绕 z 轴）

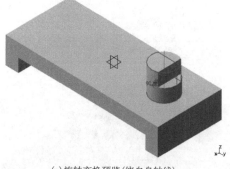
（c）旋转变换预览（绕自身轴线）

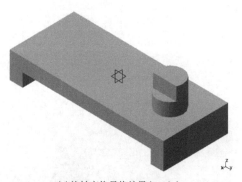
（d）旋转变换最终结果（-90°）

图 3-43　变换特征——"旋转"工具命令应用实例

3. 对称

应用实例：对图 3-41 所示模型中"几何体.2"（圆柱凸台）实施对称操作。

（1）选择圆柱凸台，单击"对称"工具命令图标，弹出图 3-44（a）所示"对称定义"对话框，与此同时弹出图 3-42(b)所示"问题"消息对话框，单击该消息对话框"是"按钮，接受对称变换。

（2）在"对称定义"对话框"参考"选择框的右键快捷菜单中选择 zx 平面，将以该面为对称面对圆柱凸台实施对称变换，预览如图 3-44(b)所示，单击"确定"按钮，完成"对称"变换操作，得到图 3-44(c)所示的结果。

(a)"对称定义"对话框

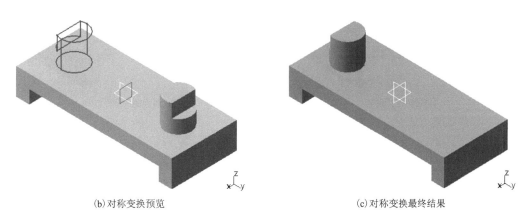

(b)对称变换预览　　　　　　　　　　　　(c)对称变换最终结果

图 3-44　变换特征——"对称"工具命令应用实例

3.8.2　镜像

利用"镜像"工具命令可以为一个对称特征创建其镜像复制。

应用实例：对图 3-41 所示模型中"几何体.2"（圆柱凸台）实施镜像操作。

（1）选择圆柱凸台，单击"镜像"工具命令图标，按系统提示选择 zx 平面作为镜像平面，弹出"镜像定义"对话框，如图 3-45(a)所示。

（2）系统自动选择当前实体圆柱凸台为要镜像的对象，预览如图 3-45(b)所示，单击对话框中的"确定"按钮，完成"镜像"变换操作，得到图 3-45(c)所示的结果。

可见，"镜像"变换是对实体特征实施的"对称+复制"复合变换操作。

应用实例

3.8.3　矩形阵列、圆形阵列和用户阵列

"矩形阵列"、"圆形阵列"和"用户阵列"这三个工具命令图标均位于图 3-40 所示的"变换特征"工具栏的"阵列"子工具栏上。利用"矩形阵列"（"圆形阵列"）工具命令可以将具有矩阵(或环形均布)分布特点的特征,在创建得到其中的一个特征后有规律地多重复制创建其余的特征；而"用户阵列"工具命令则可将特征以用户自定义的方式多重复制创建。

下面以实例说明"矩形阵列"、"圆形阵列"和"用户阵列"这三个工具命令的具体操作方法。

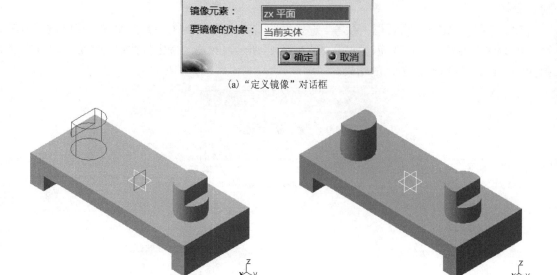

(a)"定义镜像"对话框

(b)镜像变换预览　　　　　　　　　　　(c)镜像变换最终结果

图 3-45　变换特征——"镜像"工具命令应用实例

　　打开配套电子文件 ch0346.CATPart，如图 3-46(a)所示，该模型为变换前的原始模型，相对于 zx 面左右对称，相对于 xy 面上下对称，回转结构的轴线与 x 轴重合。变换后的模型如图 3-46(b)所示。

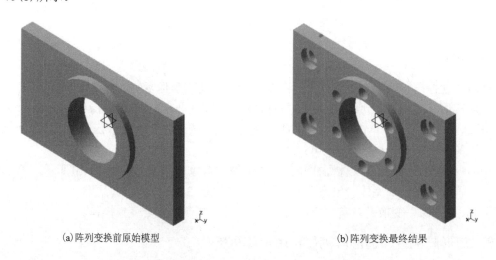

(a)阵列变换前原始模型　　　　　　　　　(b)阵列变换最终结果

图 3-46　变换特征——阵列变换前后的实体模型

1．矩形阵列▦

　　应用实例：以创建图 3-46(b)所示立板模型四个角的沉头孔为例，说明"矩形阵列"工具命令操作方法。

　　位于立板四个角的沉头孔具有 2 行 2 列矩阵形式分布的特点，无须逐个创建，而是在创建得到任一沉头孔后，利用"矩形阵列"▦工具命令有规律地多重复制创建其余的几个孔。具体的操作方法如下。

(1) 利用"孔" 工具命令创建立板四个角中左下角的一个沉头孔(沉头孔直径 15mm，深度 5mm，通孔直径 10mm)，如图 3-47(a)所示。

(2) 确认选中上一步创建的孔，单击"矩形阵列"工具命令图标 ，弹出图 3-47(b)所示的"定义矩形阵列"对话框。

(3) 定义对话框中"第一方向"选项卡相关参数，如图 3-47(c)所示。

(4) 定义对话框中"第二方向"选项卡相关参数，如图 3-47(d)所示。

(5) 单击"确定"按钮，完成 4 个沉头孔的"矩形阵列"操作。

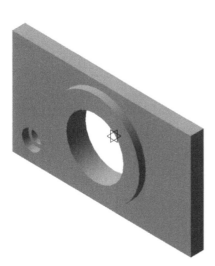

(a)创建一个沉头孔　　　　　　　(b)"定义矩形阵列"对话框

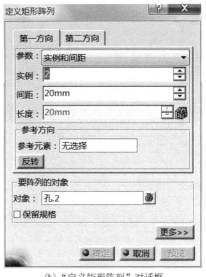

(c)"第一方向"选项卡　　　　　　(d)"第二方向"选项卡

图 3-47　变换特征——"矩形阵列"工具命令应用实例

2. 圆形阵列

应用实例： 以创建图 3-46(b)所示立板模型前面圆柱凸台上的六个螺纹孔为例，说明"圆形阵列"工具命令操作方法。

位于立板前面圆柱凸台上的六个螺纹孔环形均匀分布,无须逐个创建,而是在创建得到任一孔后,利用"圆形阵列" 🔘 工具命令有规律地多重复制创建其余的几个螺纹孔。具体的操作步骤如下。

(1)在图 3-47 所示实例模型基础上利用"孔" 🔲 工具命令创建立板前面圆柱凸台上的一个螺纹孔,其参数定义如图 3-48(a)所示,完成螺纹孔创建后的模型如图 3-48(b)所示。

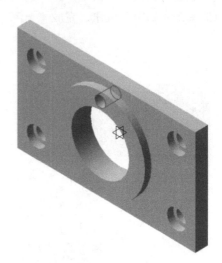

(a)螺纹孔定义参数   (b)创建得到一个螺纹孔

(c)"定义圆形阵列"对话框(轴向参考)   (d)圆形阵列效果预览

图 3-48   变换特征——"圆形阵列"工具命令应用实例

(2)确认选中上一步创建的螺纹孔,单击"圆形阵列"工具命令图标 🔘,弹出"定义圆形阵列"对话框。

(3)定义对话框中"轴向参考"选项卡上的相关参数,如图 3-48(c)所示,并在模型上同步显示如图 3-48(d)所示的阵列效果。

（4）单击"确定"按钮，完成 6 个螺纹孔的"圆形阵列"操作。

3．用户阵列

有些重复特征并非像上述矩形或圆形阵列一样有规律地分布，可通过创建一个用户自定义的草图定位点图，利用用户阵列 工具命令完成多重复制。

应用实例：以图 3-49（a）所示模型为例，说明"用户阵列" 工具命令的操作方法。

（1）打开配套电子文件 ch0349b.CATPart，如图 3-49（b）所示。

（2）在底板上表面先创建其中的一个特征立柱，如图 3-49（c）所示。

（3）以底板上表面作为草图支撑面，绘制其余立柱位置分布草图，如图 3-49（d）所示。

（4）确认选中第（2）步创建的立柱，单击"用户阵列"工具命令图标 ，弹出"定义用户阵列"对话框，并在"位置"选项框选择（3）步创建的草图，如图 3-49（e）所示，同步显示的"用户阵列"效果预览如图 3-49（f）所示，单击"确定"按钮，完成"用户阵列"操作。

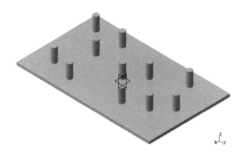

（a）底板上杂乱分布的立柱

（b）底板模型

（c）先创建一个立柱

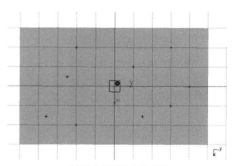

（d）用户阵列的定位点图

（e）"定义用户阵列"对话框

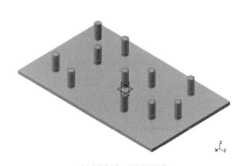

（f）用户阵列效果预览

图 3-49　变换特征——"用户阵列"工具命令应用实例

注意：在上述阵列操作过程中，单击阵列效果预览图上显示的某些阵列特征上的小亮点，如图 3-48(d) 和图 3-49(f) 所示，可把这些复制特征从阵列结果中剔除出去。

3.8.4　缩放

缩放工具命令可以变换特征的大小。

应用实例：以图 3-50 所示模型为例，说明缩放工具命令的操作方法。

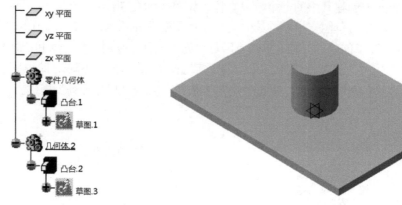

(a) 缩放前的实体模型及其结构树

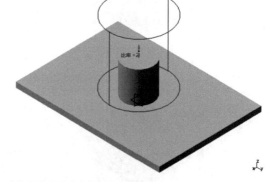

(b) "缩放定义" 对话框及其缩放效果(参考坐标原点，比率 2)

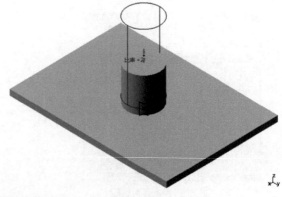

(c) "缩放定义" 对话框及其缩放效果(参考 xy 平面，比率 2)

图 3-50　变换特征——"缩放"工具命令应用实例

（1）打开配套电子文件 ch0350.CATPart，缩放前的模型及其结构树如图 3-50（a）所示，可见，该模型包含两个几何体："零件几何体"（底板）和"几何体.2"（圆柱）。

（2）确认"几何体.2"（圆柱）为工作对象，单击"缩放"工具命令图标 🔘，弹出"缩放定义"对话框。

（3）在"参考"选项框右键快捷菜单中定义坐标原点(0, 0, 0)作为缩放参考，且在"比率"文本框中键入缩放系数 2，"缩放"变换效果如图 3-50（b）所示，将圆柱放大一倍；而当"参考"选择 xy 平面，"比率"仍为 2 时，"缩放"变换效果如图 3-50（c）所示，只是将圆柱增高了一倍。

3.9　上 机 实 训

1. 实训一

根据图 3-51 所示组合体的轴测图创建其实体模型。

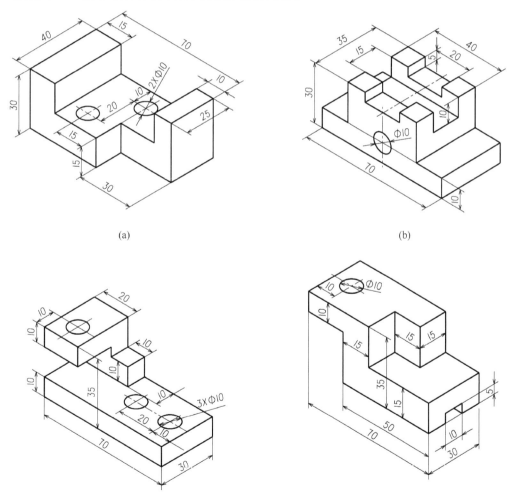

(a)

(b)

(c)

(d)

(a)

(b)

(c)

(d)

3-51

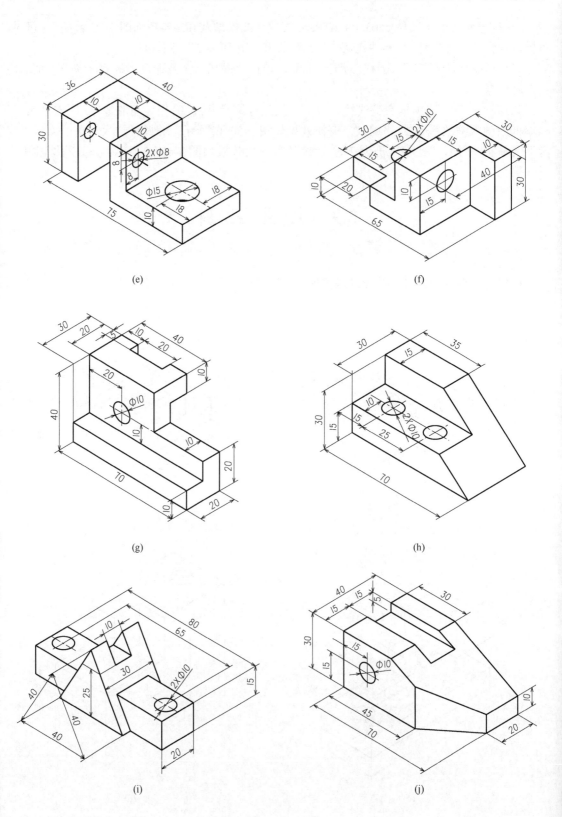

(e)

(f)

(g)

(h)

(i)

(j)

3-51

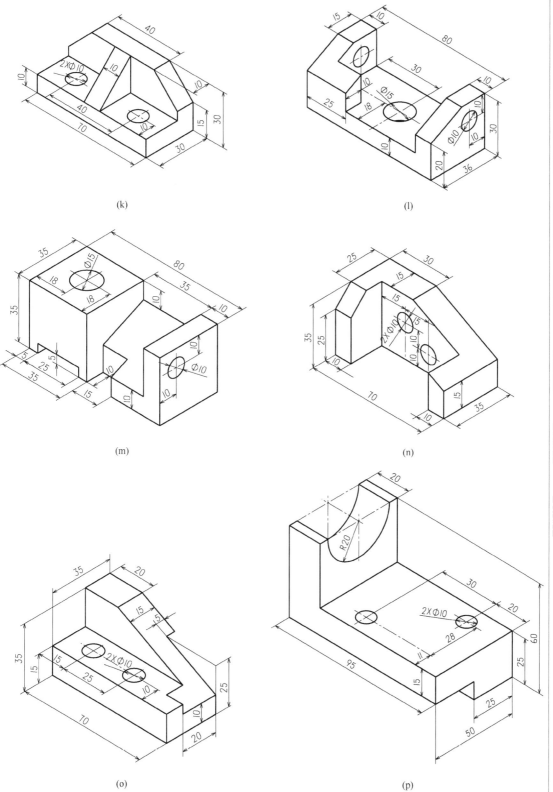

(k)

(l)

(m)

(n)

(o)

(p)

(k)

(l)

(m)

(n)

(o)

(p)

3-51

图 3-51　组合体轴测图(一)

2. 实训二

根据图 3-52 所示组合体的轴测图创建其实体模型。

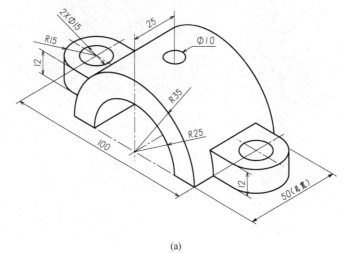

(a)

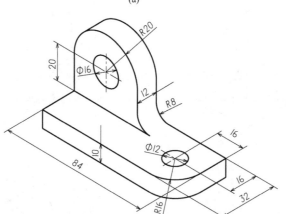

(b)

(a)

(b)

(c)

(d)

3-52

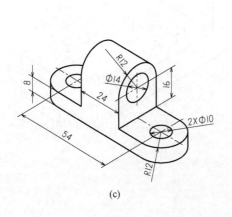

(c)

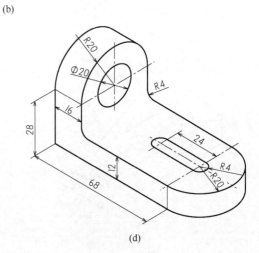

(d)

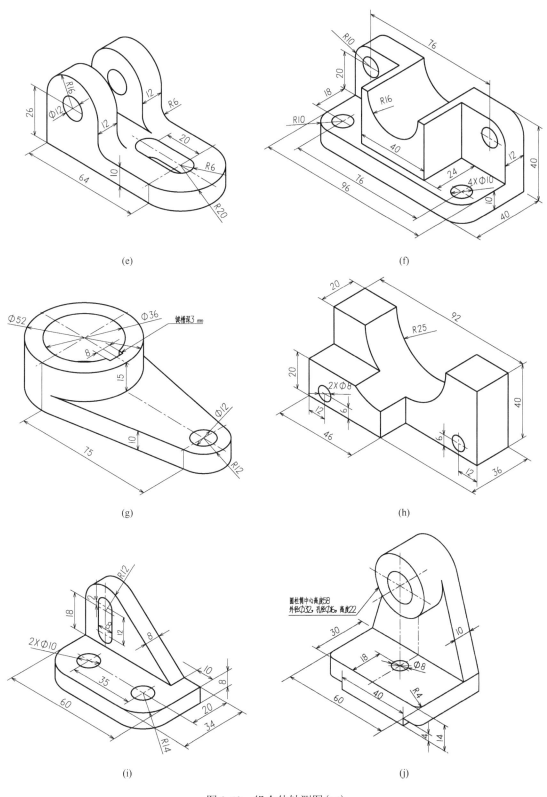

(e)

(f)

(g)

(h)

(i)

(j)

(e)

(f)

(g)

(h)

(i)

(j)

3-52

图 3-52　组合体轴测图(二)

第4章

机械零件及建筑构件的实体造型

机械零件和建筑构件有其独特的工艺结构，如圆角、倒角、螺纹和起模斜度等。利用前几章介绍的 CATIA 基于草图的特征工具命令，创建具有一定几何形状和结构的实体，然后再利用修饰特征工具命令创建实体上相应的工艺结构特征，使模型符合加工工艺要求。本章以实例形式介绍常用的圆角、倒角、拔模、盒体、增厚和螺纹等修饰特征工具命令的用法，并介绍机械零件和建筑构件的结构特点、实体造型方法以及修饰特征的具体应用。

4.1　修　饰　特　征

CATIA V5 修饰特征工具栏如图 4-1 所示。当零件几何体中没有任何实体特征时，该工具条栏的所有工具命令图标均处于灰显、不可用状态；一旦创建得到一个实体特征，这些工具命令图标随即亮显，转为可用状态，可用于为实体添加修饰特征。

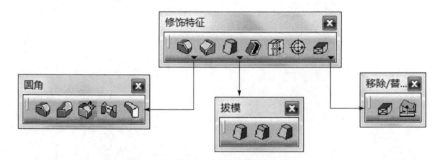

图 4-1　修饰特征工具栏

4.1.1　倒圆角🔲、可变半径圆角🔲和三切线内圆角🔲

"倒圆角"🔲、"可变半径圆角"🔲和"三切线内圆角"🔲这三个工具命令图标均位于图 4-1 所示的"修饰特征"工具栏的"圆角"子工具栏上。利用"倒圆角"🔲工具命令，可以在零件实体的两个相邻表面之间创建固定半径值的平滑过渡圆柱曲面——圆角特征；"可变半径圆角"🔲工具命令，可以在零件实体的两个相邻表面之间创建两个以上不同控制点处的可变半径值的圆角特征；"三切线内圆角"🔲工具命令，则可以在零件实体的三个表面(两个支持面，一个移除面)之间通过移除中间的一个表面创建与三者相切的圆角特征。

下面以实例形式说明"倒圆角"🔲、"可变半径圆角"🔲和"三切线内圆角"🔲这三个工具命令的具体操作方法。

1. 倒圆角

应用实例 1： 打开配套电子文件 ch0402a.CATPart，如图 4-2(a)所示，该模型为倒圆角前的原始模型，对其底板上表面与立板右侧面交线进行倒圆角，修饰后形成内圆角的模型，如图 4-2(b)所示；进一步对底板两棱角进行倒圆角，修饰后形成外圆角的模型，如图 4-2(c)所示。具体的操作方法如下。

(1) 单击"倒圆角"工具命令图标，弹出图 4-2(d)所示的"倒圆角定义"对话框，其中的"选择模式"选择框的下拉列表如图 4-2(e)所示。

(2) 选择"要圆角化的对象"——底板上表面和立板右侧面的交线，定义对话框中圆角"半径"为 2mm，"选择模式"为"相切"，修饰结果如图 4-2(b)所示。

(3) 重复使用"倒圆角"工具命令，选择底板的两棱角线为"要圆角化的对象"，定义对话框中圆角"半径"为 10mm，"选择模式"为"相切"，修饰结果如图 4-2(c)所示。

(a)修饰前的模型

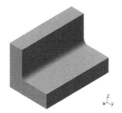

(b)修饰后的模型(内圆角)

(c)修饰后的模型(内、外圆角)

(d)"倒圆角定义"对话框

(e)选择模式

图 4-2　"倒圆角"工具命令应用实例 1

应用实例 2： 打开配套电子文件 ch0403a.CATPart，如图 4-3(a)所示，对轴肩交线进行倒圆角修饰，操作方法同实例 1，结果如图 4-3(b)所示，断面如图 4-3(c)所示。

(a)修饰前的模型

(b)修饰后的模型(内圆角)

(c)修饰后的模型(断面)

图 4-3　"倒圆角"工具命令应用实例 2

说明："倒圆角定义"对话框中的倒圆角选择模式有"相切""最小""相交""与选定特征相交"等四种，如图 4-2(e)所示。若选择"相切"模式，则与倒圆角对象光滑连接的交线都将拓展为倒圆角的对象；若选择"最小"模式，则只对所选择的交线倒圆角；若选择"相交"模式，则与"要圆角化的对象"相交的交线都将被倒圆角；若选择"与选定特征相交"模式，则在选择"要圆角化的对象"后，对话框中增加了一个"所选特征"选项，选择相邻的特征，则只对二者的交线倒圆角。

2. 可变半径圆角

应用实例：打开配套电子文件 ch0404a.CATPart，如图 4-4(a)所示，该模型为可变半径圆角修饰前的原始模型，对该底板上表面右侧棱线进行可变半径圆角修饰。

具体的操作方法如下。

(1)单击"可变半径圆角"工具命令图标，弹出图 4-4(b)所示的"可变半径圆角定义"对话框。

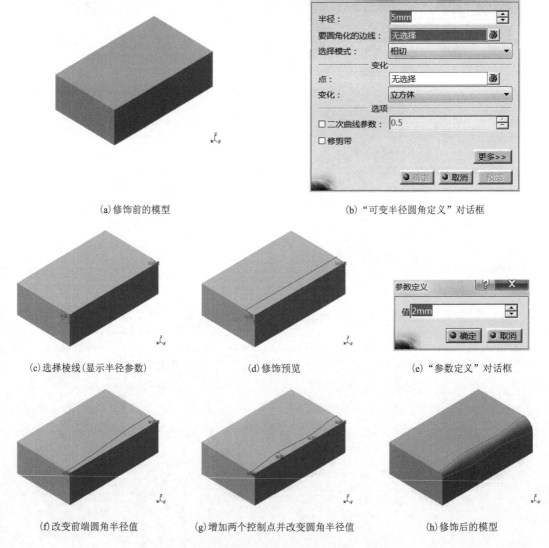

(a)修饰前的模型   (b)"可变半径圆角定义"对话框

(c)选择棱线(显示半径参数)   (d)修饰预览   (e)"参数定义"对话框

(f)改变前端圆角半径值   (g)增加两个控制点并改变圆角半径值   (h)修饰后的模型

图 4-4 "可变半径圆角"工具命令应用实例

（2）选择"要圆角化的边线"——底板上表面右侧棱线，在棱线两端出现可变的圆角半径参数，如图 4-4（c）所示；单击对话框中的"预览"按钮，其效果同上述"倒圆角"，棱线两端默认为相同的圆角半径，如图 4-4（d）所示。

（3）双击前端的圆角半径参数，弹出图 4-4（e）所示的"参数定义"对话框，改变其值为2mm，修饰预览如图 4-4（f）所示。

（4）单击"可变半径圆角定义"对话框中的"要圆角化的边线"选择框，再在圆角化棱线的两端点之间选择任意两点，增加了两个控制点，随之出现了另外两个可变的圆角半径参数，双击修改靠前的一个半径值为 4mm，另一个为 3mm，修饰预览如图 4-4（g）所示，最终的修饰模型如图 4-4（h）所示。

3. 三切线内圆角

应用实例1、2

应用实例 1：打开配套电子文件 ch0405a.CATPart，如图 4-5（a）所示，该模型为修饰前的原始模型，分别对其底板前端面和立板上顶面进行三切线内圆角修饰。

具体的操作方法如下。

（1）单击"三切线内圆角"工具命令图标，弹出图 4-5（b）所示的"定义三切线内圆角"对话框。

（2）选择"要圆角化的面"——底板的左右两个侧面，这两个面为三切线内圆角的支持面；再选择"要移除的面"——底板的前面，修饰结果如图 4-5（c）所示。

（3）同样的操作方法，激活"三切线内圆角"工具命令，选择立板的左右两个侧面为"要圆角化的面"，再选择立板的上顶面为"要移除的面"，修饰结果如图 4-5（d）所示。

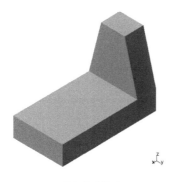

(a) 修饰前的模型

(b) "定义三切线内圆角"对话框

(c) 底板前端面修饰后的模型

(d) 立板上顶面修饰后的模型

图 4-5　"三切线内圆角"工具命令应用实例 1

应用实例 2：打开配套电子文件 ch0406a.CATPart，如图 4-6(a)所示，对其右端槽口进行三切线内圆角修饰，操作方法同应用实例 1，槽口前后两个侧面为支持面，槽口底面为移除面，结果如图 4-6(b)所示。

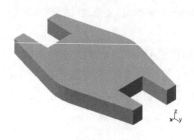
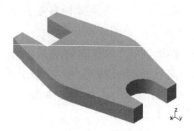

(a)修饰前的模型　　　　　　　　　　　　　(b)修饰后的模型

图 4-6　"三切线内圆角"工具命令应用实例 2

注意：在选择实体模型上被遮挡的某个点、线、面对象时，可在不旋转模型情况下，在要选择的对象附近按住 Alt 键的同时单击鼠标左键；或者在按住 Alt 键的同时把鼠标的光标移到要选择对象的附近，此处会显示一个能预览可选对象的局部放大镜，通过按键盘上的 "↑"或 "↓"键选择被遮挡的对象；或者在提示文字中用鼠标左键选中要选择的对象。

4.1.2　倒角

倒角是机械加工零件和建筑构件上常见的工艺结构。

"倒角"工具命令图标位于图 4-1 所示的 "修饰特征"工具栏上，利用 "倒角" 工具命令可以在零件实体的两个相邻表面之间创建斜面或斜曲面。

应用实例 1：打开配套电子文件 ch0407.CATPart，如图 4-7(a)所示，为倒角前的原始模型，其尺寸为 40mm×40mm×30mm，对其上顶面棱线进行倒角修饰；由 "倒角"演化出棱锥及棱锥台的另一种造型方法。

具体的操作方法如下。

(1)单击 "倒角"工具命令图标，弹出图 4-7(b)所示的 "定义倒角"对话框，倒角 "模式"有 "长度 1/角度"和 "长度 1/长度 2"两种，如图 4-7(c)所示。

(2)选择倒角 "模式"为 "长度 1/角度"时，选择 "要倒角的对象"——顶面的右侧棱线，"长度 1"为 "3mm"，"角度"为 "45deg"，倒角预览如图 4-7(d)所示；若选择 "要倒角的对象"为上顶面，则将对该平面所有边线进行倒角，倒角预览如图 4-7(e)所示。

(3)选择倒角 "模式"为 "长度 1/长度 2"时，选择 "要倒角的对象"——顶面的右侧棱线，"长度 1"为 "2mm"，"长度 2"为 "4mm"，倒角预览如图 4-7(f)所示；选择对话框中的"反转"复选框，倒角距的长短边将对调，倒角预览如图 4-7(g)所示。

(4)对上顶面倒角，如果设置高度方向的倒角距为长方体的高度值 30mm，倒角结果为棱锥台，倒角预览如图 4-7(h)所示，倒角结果如图 4-7(i)所示。

应用实例 2：打开配套电子文件 ch0408.CATPart，如图 4-8(a)所示，该模型为倒角前的原始模型，对其外圆柱和内孔右端面的棱线圆进行倒角。

具体的操作方法如下。

(1)单击 "倒角"工具命令图标，弹出图 4-7(b)所示的 "定义倒角"对话框，选择倒角"模式"为 "长度 1/角度"，接受默认的 "角度"为 "45deg"。

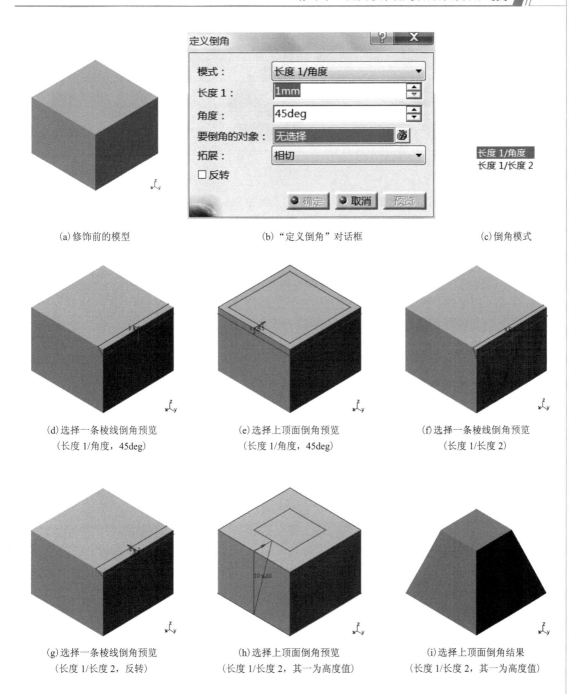

(a) 修饰前的模型　　　　　(b) "定义倒角" 对话框　　　　　(c) 倒角模式

(d) 选择一条棱线倒角预览
(长度 1/角度，45deg)

(e) 选择上顶面倒角预览
(长度 1/角度，45deg)

(f) 选择一条棱线倒角预览
(长度 1/长度 2)

(g) 选择一条棱线倒角预览
(长度 1/长度 2，反转)

(h) 选择上顶面倒角预览
(长度 1/长度 2，其一为高度值)

(i) 选择上顶面倒角结果
(长度 1/长度 2，其一为高度值)

图 4-7　"倒角" 工具命令应用实例 1

（2）选择外圆柱端面棱线圆为 "要倒角的对象"，"长度 1" 取值为 "3mm"，倒角结果如图 4-8（b）所示。

（3）重复 "倒角" 工具命令，选择孔的端面棱线圆为 "要倒角的对象"，"长度 1" 取值为 "2mm"，倒角结果如图 4-8（b）所示，断面如图 4-8（c）所示。

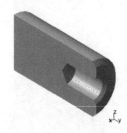

(a)倒角前的模型　　　　　　　　(b)倒角后的模型　　　　　　　(c)倒角后的模型(断面)

图 4-8　"倒角"工具命令应用实例 2(长度 1/角度，45deg)

4.1.3　拔模斜度、拔模反射线🔲和可变角度拔模🔲

对于铸造、模锻或铸塑类零件，为便于起模，使零件与模具容易分离，通常要在零件的拔模面上构造一个斜面，称之为起模斜度或拔模斜度。

在图 4-1 所示的"拔模"子工具栏上有三个工具命令图标："拔模斜度"🔲、"拔模反射线"🔲和"可变角度拔模"🔲。下面以实例说明这三个工具命令的具体操作方法。

1. 拔模斜度🔲

"拔模斜度"🔲工具命令是通过定义模型中要拔模的面、拔模方向、拔模角度、中性元素以及分离元素等来创建拔模斜面的。拔模方向是指对应于拔模面的参考方向；拔模角度是指拔模面与拔模方向之间的角度；分离元素是指将零件分割成两部分的平面或曲面，被分割零件的每一部分都将根据它们各自定义的方向进行拔模；中性元素是指定义的中性曲线，它是拔模面上的线，该元素在拔模期间保持不变。

应用实例：打开配套电子文件 ch0407.CATPart，如图 4-9(a)所示，其尺寸为 40mm×40mm×30mm，该模型为拔模前的原始模型，对其棱面实施拔模修饰。

具体的操作方法如下。

(1)单击"拔模斜度"工具命令图标🔲，弹出图 4-9(b)所示的"定义拔模"对话框。

(2)定义对话框中的相关参数及选项，拔模"角度"取默认的角度值"5deg"，也可根据设计要求定义角度值；"要拔模的面"选择实体模型的右侧面；"中性元素"通过选择框右键快捷菜单选择"xy 平面"。

(3)单击"预览"按钮，得到图 4-9(c)所示的预览图；如果满意，单击"确定"按钮，得到图 4-9(d)所示的拔模斜度。

另外，操作中可通过单击拔模预览图上的箭头改变拔模方向，反向拔模预览如图 4-9(e)所示。对比(c)和(e)两图发现，中性元素不随拔模方向的改变而变化。

(4)如果单击"定义拔模"对话框右下角的 更多>> 按钮，展开对话框，并选择"限制元素"为"yz 平面"，如图 4-10(a)所示，此时的拔模预览图如图 4-10(b)所示，对应的拔模结果如图 4-10(c)所示。可见，只对"限制元素"yz 平面的一侧棱面实施了拔模修饰，单击预览图上的箭头，可改为另一侧拔模。

(5)如果在"定义拔模"对话框中勾选"通过中性面选择"复选框，并且选择中性面为图 4-9(a)所示模型的底面，其他参数默认，此时与底面相交的四个侧棱面都将被定义为拔模面，拔模预览如图 4-11(a)所示，最终的拔模结果如图 4-11(b)所示(棱锥台的又一种造型方法)。

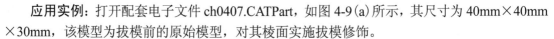

(a)拔模前的模型

(b)"定义拔模"对话框

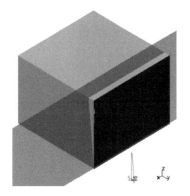

(c)拔模后预览

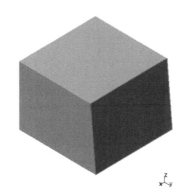

(d)拔模后的模型

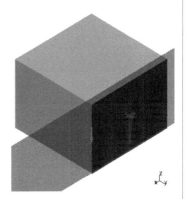

(e)拔模预览(反向)

图 4-9　"拔模斜度"工具命令应用实例

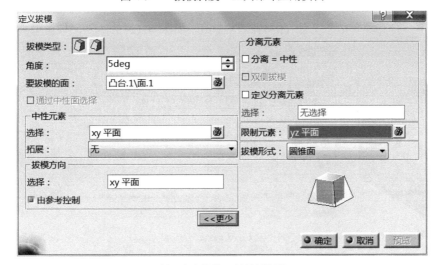

(a)"定义拔模"对话框(扩展)

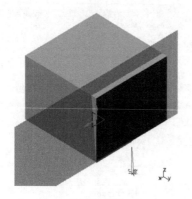

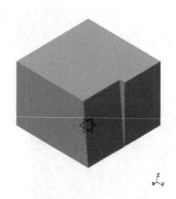

(b) 拔模预览　　　　　　　　　　　　　　　　　　　(c) 拔模后的模型

图 4-10　"拔模斜度"工具命令应用实例("限制元素"为 yz 平面)

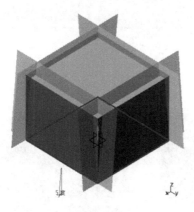

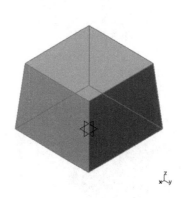

(a) 拔模后的预览　　　　　　　　　　　　　　　　　　(b) 拔模后的模型

图 4-11　"拔模斜度"工具命令应用实例("通过中性面选择"拔模面——底面)

2. 拔模反射线

"拔模反射线" 工具命令是用曲面的反射线(曲面与相邻面的交线)作为中性线实施拔模修饰。

应用实例：打开配套电子文件 ch0412.CATPart，如图 4-12(a) 所示，该模型为拔模前的原

(a) 拔模前的原始模型　　　　　(b) "定义拔模反射线"对话框　　　　　(c) 拔模后的模型

图 4-12　"拔模反射线"工具命令应用实例

的原始模型，对其实施拔模反射线修饰。

具体的操作方法如下。

（1）单击"拔模反射线"工具命令图标🎲，弹出图 4-12(b)所示的"定义拔模反射线"对话框。

（2）设定拔模角度为"–25deg"；选择圆角面为"要拔模的面"，与该面光滑连接的面都被选为拔模面；当选择拔模方向时，系统会自动选择一条交线作为反射线(中性线)，并自动选择拔模面。若选择上顶面，则其法线方向将作为拔模方向(预览图中显示的箭头方向)，与此同时曲面上会显示一条交线，该交线即为反射线，系统确认左侧面为拔模面。

（3）单击"确定"按钮，创建拔模反射线修饰，如图 4-12(c)所示。

3. 可变角度拔模🎲

"可变角度拔模"🎲工具命令是通过定义拔模中性线上两处以上控制点的拔模角度值来实现不同角度的拔模，类似于前述"可变半径圆角"的功能。

应用实例：打开配套电子文件 ch0407.CATPart，如图 4-13(a)所示，该模型为拔模前的原始模型，对其右侧棱面实施可变角度拔模。

应用实例

(a)拔模前的原始模型　　　　　　　　　　(b)"定义拔模"对话框

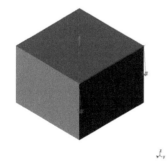

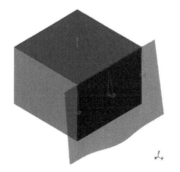

(c)可变的拔模角度参数　　(d)拔模预览(添加第三个控制点)　　(e)拔模后的模型

图 4-13　"可变角度拔模"工具命令应用实例

具体的操作方法如下。

（1）单击"可变角度拔模"工具命令图标，弹出图 4-13（b）所示的"定义拔模"对话框。

（2）拔模"角度"取默认值；"要拔模的面"选择右侧棱面；"中性元素"选择上顶面，则在中性线两端各出现一个可变的拔模角度参数标注，如图 4-13（c）所示，与此同时"点"选择框中显示"2 元素"。

（3）单击"点"选择框，再在中性线上欲添加控制点处单击鼠标，则在该处显示第 3 个可变的拔模角度参数，双击该角度参数，并在弹出的"参数定义"对话框中修改其值为"14deg"，修饰预览如图 4-13（d）所示，最终的修饰模型如图 4-13（e）所示。

4.1.4　盒体

"盒体"工具命令图标位于图 4-1 所示的"修饰特征"工具栏上，该工具命令通常又被称作"抽壳"，通过从实体内部除料的方式形成薄壁特征。

应用实例： 打开配套电子文件 ch0414.CATPart，如图 4-14（a）所示，该模型为盒体修饰前的原始模型，对其实抽壳修饰。

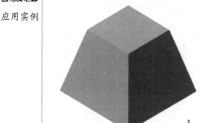
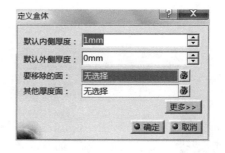

（a）抽壳前的原始模型　　　　　　（b）"定义盒体"对话框　　　　　　（c）抽壳后断面（yz 面）

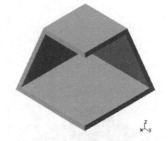

（d）抽壳后断面（zx 面）　　（e）抽壳并移除两个侧棱面　　（f）定义底面为其他厚度面

图 4-14　"盒体"工具命令应用实例

具体的操作方法如下。

（1）单击"盒体"工具命令图标，弹出图 4-14（b）所示的"定义盒体"对话框。

（2）取"默认内侧厚度"为"1mm"，是指实体原型外表面到抽壳后壳体内表面的厚度值，同时也无"要移除的面"，单击"确定"按钮，完成对实体的抽壳，其断面图如图 4-14（c）和（d）所示。

（3）修改"盒体"特征，双击结构树上"盒体.1"特征，在弹出的"定义盒体"对话框中选择实体的前面和右侧面为"要移除的面"，并修改"默认外侧厚度"也为"1mm"，即实体抽壳后外表面到原型外表面的距离为1mm，则抽壳结果如图 4-14(e)所示，盒体厚度值变为2mm(内、外侧厚度之和)；如果在此基础上继续修改"盒体.1"特征，在对话框中选择实体底面为"其他厚度面"，并双击显示在下底面的厚度参数，在随后弹出的"参数定义"对话框中修改其值为"2mm"，则修饰结果如图 4-14(f)所示，该面厚度值变为4mm。

可见，"盒体" 工具命令不仅可以对实体实施等壁厚抽壳修饰，也可以通过定义"其他厚度面"对实体实施不同壁厚的抽壳修饰。

4.1.5　厚度

"厚度"工具命令图标位于图 4-1 所示的"修饰特征"工具栏上，用于增加或减小实体上指定表面的厚度。当厚度值参数为正时，是增加厚度，即添加材料；反之，则是减小厚度，即去除材料。

应用实例：打开配套电子文件 ch0415.CATPart，如图 4-15(a)所示，该模型为厚度修饰前的原始模型，对其进行"厚度"修饰。

(a)厚度修饰前的原始模型

(b)"定义厚度"对话框

(c)默认厚度面(厚度值 10mm)

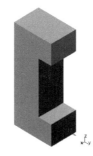
(d)其他厚度面(厚度值–5mm)

(e)厚度修饰后的模型

图 4-15　"厚度"工具命令应用实例

具体的操作方法如下。

(1)单击"厚度"工具命令图标，弹出图 4-15(b)所示的"定义厚度"对话框。

(2)"默认厚度面"选择实体右侧下面的凸台端面，并修改其厚度值为 10mm，如图 4-15(c)所示；"其他厚度面"选择右侧槽口底面，并双击该面显示的厚度参数，在弹出的"参数定义"对话框中修改其厚度值为–5mm，如图 4-15(d)所示。

(3)单击"确定"按钮，得到"厚度"修饰后的模型，如图 4-15(e)所示。

4.1.6　内螺纹/外螺纹

"内螺纹/外螺纹"工具命令图标位于图 4-1 所示的"修饰特征"工具栏上，用于在实体的圆柱或圆锥表面上创建螺纹。螺纹特征在实体模型上不显示，但在特征结构树上能看到，而且在创成式制图时系统会识别并绘制螺纹。

应用实例：打开配套电子文件 ch0416.CATPart，如图 4-16(a) 所示，该模型为螺纹修饰前的原始模型，对其实施"内螺纹/外螺纹" ⊕ 修饰。

(a) 修饰前模型

(b) "定义外螺纹/内螺纹"对话框

(c) "数值定义"区的参数

(d) 外螺纹预览

(e) 内螺纹预览

图 4-16　"内螺纹/外螺纹"工具命令应用实例

具体的操作方法如下。

(1) 单击"内螺纹/外螺纹"工具命令图标 ⊕，弹出图 4-16(b) 所示的"定义外螺纹/内螺纹"对话框。

(2) 在对话框上部的"几何图形定义"区定义螺纹面和螺纹起始面，选择欲创建外螺纹的小轴径外圆柱表面为"侧面"（螺纹面），选择其端面为"限制面"（螺纹起始面）。

(3) 在对话框中部的"底部类型"区定义螺纹长度，共有："尺寸""支持面深度""直到平面"三种类型，如果不是在整个回转面上创建螺纹，通常选择"尺寸"类型。

(4) 在对话框下部的"数值定义"区定义螺纹要素等参数，其中螺纹类型有："公制细牙螺纹""公制粗牙螺纹""非标准螺纹"三种，此处选择"公制粗牙螺纹"，其他参数如图 4-16(c) 所示，预览如图 4-16(d) 所示。

（5）单击"确定"按钮，完成外螺纹的修饰。

在激活"内螺纹/外螺纹"工具命令图标⊕后，如果选择轴端的孔表面作为"侧面"，系统自动识别为"内螺纹"，其他螺纹参数的定义方法同外螺纹，在此不再赘述，其预览如图 4-16(e) 所示。

4.2　机械零件的实体造型

机械零件是组成机器或部件最小的制造单元，一般分为标准件、常用件和一般零件。标准件是其结构、尺寸、性能和加工要求等均已标准化、系列化了的零件，如螺栓、螺钉、螺柱、螺母和垫圈等螺纹紧固件，以及键、销等；常用件是其部分结构、尺寸和参数标准化、系列化了的零件，如齿轮和弹簧等；一般零件则是按其在特定机器上的功能要求，设计、加工成的零件，可归纳为轴套类、轮盘类、叉架类和箱壳类四类功能和结构特点不同的零件。本节以实例形式介绍四类一般零件的结构特点、造型方法以及修饰特征在机械零件造型中的具体应用。

4.2.1　轴套类零件

轴是用来支承传动零件和传递动力的零件，图 4-17(a)所示为一从动轴零件；套是装在轴上，起轴向定位、传动或连接等作用的零件，图 4-17(b)所示为一衬套零件。

(a)从动轴

(b)衬套

图 4-17　轴套类零件

轴套类零件的各组成部分为同轴回转体，且轴向尺寸长，而径向尺寸小。这类零件上常有键槽、倒角、圆角、退刀槽、轴肩、螺纹和中心孔等工艺结构，其造型方法一般是先用"旋转体"工具命令创建轴的回转主体，再用"旋转槽"命令创建退刀槽，用"凹槽"命令创建键槽，用"孔"命令创建光孔或螺孔，用"螺纹"命令在回转圆柱表面上添加螺纹修饰特征，最后创建倒角、圆角等修饰特征。

应用实例：以图 4-17(a)所示从动轴为例，介绍轴套类零件实体造型的方法。

（1）选草图平面 yz，绘制轴回转主体的草图并定义约束，如图 4-18(a)所示。

（2）用"旋转体"命令，创建轴回转主体，如图 4-18(b)所示。

（3）修改草图，在左右两端轴肩处各增加一个"4×1"的退刀槽轮廓，如图 4-18(c)所示。

(4)选草图平面 yz，绘制右端轴段上的键槽草图，如图 4-18(d)所示，并用"凹槽"命令创建该轴段上的键槽特征，其参数定义如图 4-18(e)所示；同理，选相同的草图平面，绘制左端轴段上的键槽草图，如图 4-18(f)所示，并创建键槽特征，其参数定义如图 4-18(g)所示。

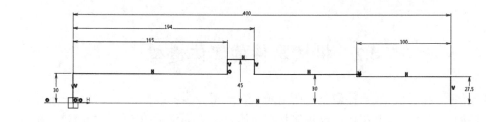

(a)轴回转主体草图

(b)轴回转主体实体

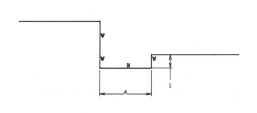

(c)轴肩退刀槽草图

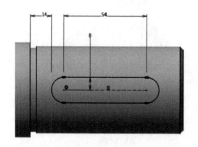

(d)右端轴段键槽草图

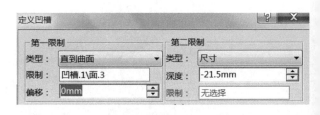

(e)右端轴段键槽"定义凹槽"对话框

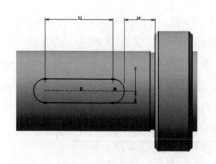

(f)左端轴段键槽草图

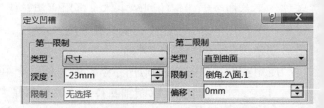

(g)左端轴段键槽"定义凹槽"对话框

图 4-18 从动轴零件造型(回转主体、退刀槽、键槽)

（5）创建右端面中心的螺孔，其定义孔的参数如图 4-19（a）所示；创建该端面螺孔后面的偏心的光孔，其定义孔的参数如图 4-19（b）所示，孔的定位草图如图 4-19（c）所示。

（6）创建轴两端 C2 倒角，以及最大轴径对应的轴段两端 C2.5 倒角，完成轴的造型。

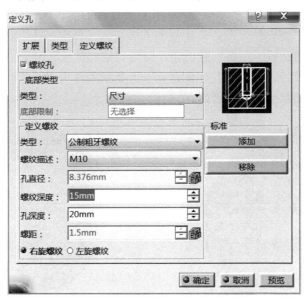

(a)"定义孔"对话框(右端面中心的螺孔)

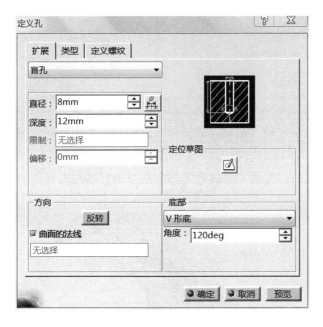

(b)"定义孔"对话框(右端面偏心的光孔)

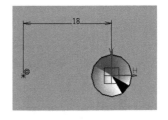

(c)右端面偏心光孔的定位草图

图 4-19 从动轴零件造型(螺孔及光孔)

4.2.2 轮盘类零件

轮盘类零件包括手轮、带轮、齿轮、涡轮、端盖等。轮安装在轴上，用来传递运动和扭矩，图 4-20（a）所示为一带轮；盘主要起支撑、轴向定位以及密封等作用，图 4-20（b）所示为一端盖。

轮类零件的主体为同轴回转面，且轴向尺寸小，径向尺寸大，其造型方法是先用"旋转体"命令创建轮的回转主体，再用"孔"命令创建轮辐上的孔，用"凹槽"命令创建轮毂、轴孔、键槽，最后创建倒角、圆角等修饰特征；盘类零件的主体同样具有内外回转面的特征，其造型方法也是先用"旋转体"命令创建盘的回转主体，再用"孔"命令创建光孔或螺孔，用"加强筋"命令创建肋板，最后创建倒角、圆角等修饰特征。对于轮盘类零件上常见的多个圆周均布的孔和肋板特征，通常是先创建其一，其余的则用"圆形阵列"命令快速创建。

建模过程类似于轴套类，不再赘述。

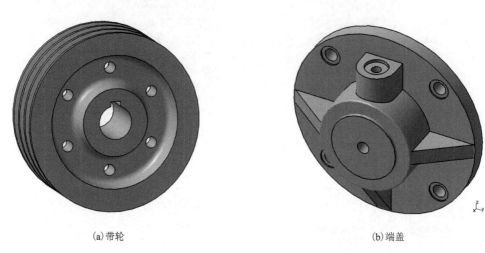

(a)带轮   (b)端盖

图 4-20 轮盘类零件

4.2.3 叉架类零件

叉架类零件包括操纵机构的拨叉和杠杆，以及机器中起支撑和连接作用的支架等，如图 4-21 所示。这类零件结构形状不规则，各式各样，但按功能可将其结构分为工作部分、安装固定部分以及连接部分等。

叉类零件的安装部分为装配到轴上的套筒，架类零件的安装部分则为带有螺孔或光孔的

(a)拨叉   (b)踏架

图 4-21 叉架类零件

固定板，二者的工作部分一般都具有回转孔特征的结构，连接部分都为形状各异的肋板。

叉架类零件的造型方法一般是先创建安装固定部分和工作部分，再创建连接部分；用"孔"命令创建光孔或螺孔；当有倾斜结构时，还要额外创建辅助面；最后创建倒角、圆角等修饰特征。

应用实例：以图 4-21(b)所示踏架为例，介绍叉架类零件实体造型的方法。

(1)先创建下部的工作部分，其主体为套筒，选草图平面 yz，绘制草图并定义约束，如图 4-22(a)所示；接着用"旋转体"命令创建套筒回转主体，如图 4-22(b)所示。

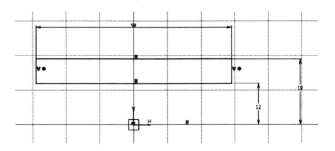

(a)套筒草图

(b)套筒

(c)"平面定义"对话框

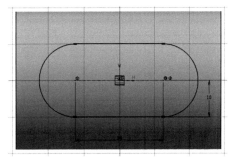

(d)凸台草图

(e)凸台

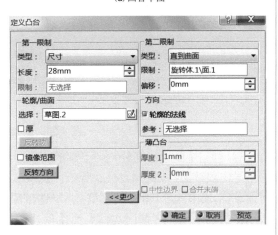

(f)"定义凸台"对话框

图 4-22　踏架零件——工作部分

(2)创建套筒上部倾斜的凸台，首先建立与凸台上端面平行的辅助平面(xy 坐标面绕 y 轴逆时针回转 30°)，"平面定义"对话框如图 4-22(c)所示；在该辅助面上绘制凸台端面草图，如图 4-22(d)所示；用"凸台"命令创建凸台，如图 4-22(e)所示，"定义凸台"对话框如图 4-22(f)所示。

(3)创建上部的安装固定部分，是一块带孔的固定板，选草图平面 xy，绘制草图并定义约束，如图 4-23(a)所示；接着用"凸台"命令创建固定板拉伸体，如图 4-23(b)所示，"定义凸台"对话框如图 4-23(c)所示。

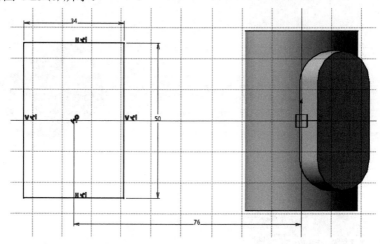

(a)固定板草图

(b)固定板

(c)"定义凸台"对话框

图 4-23　踏架零件——安装部分

(4)创建中间连接部分——下部的弯板，用"放样(多截面实体)"命令，先选草图平面 xz，绘制导向线草图，如图 4-24(a)所示；其次，选固定板前侧棱面为草图平面，绘制弯板上端截断面草图，如图 4-24(b)所示；第三步，选草图平面 xy，绘制弯板下端截断面草图，如图 4-24(c)所示；最后，用"多截面实体"命令创建弯板，如图 4-24(d)所示，"多截面实体定义"对话框如图 4-24(e)所示。

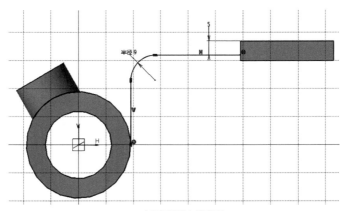

(a)弯板导向线草图

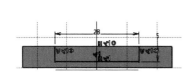

(b)弯板上端截断面草图

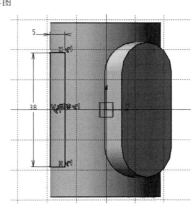

(c)弯板下端截断面草图

(d)弯板

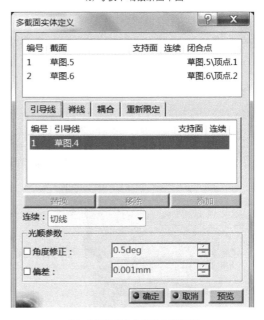

(e)"多截面实体定义"对话框

图 4-24　踏架零件——连接部分(下部弯板)

（5）创建中间连接部分——上部的肋板，用"加强筋"命令，选草图平面 zx，绘制肋板草图，如图 4-25（a）所示，接着用"加强筋"命令创建肋板（厚度 10），如图 4-25（b）所示。

（6）用"孔"命令分别创建工作部分凸台上的两个 M10 螺孔（孔距为 25）以及安装部分两个 $\phi7$ 埋头孔（孔距为 32），最后修饰倒角和圆角，完成踏架整体造型，如图 4-21（b）所示。

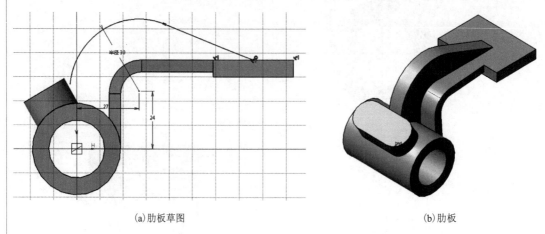

（a）肋板草图　　　　　　　　　　　　　　　　（b）肋板

图 4-25　踏架零件——连接部分（上部肋板）

4.2.4　箱壳类零件

箱壳类零件指包容、支撑其他零件的箱体或壳体零件，如油泵泵体、马达壳体、减速器箱体、发动机机体等。

如图 4-26 所示，箱壳类零件结构一般都较为复杂，有用于安装其他零件的内部空腔，支撑轴类零件的轴承孔，孔端有增加强度的凸缘，凸缘上有与端盖连接的螺孔；有对外安装的支撑板，板上有安装孔；有加油和放油的螺孔；有形状各异的肋板；还有凸台和凹槽等结构。

在箱壳类零件造型之前，要进行形体分解，把复杂形体假想分解为若干容易理解和造型

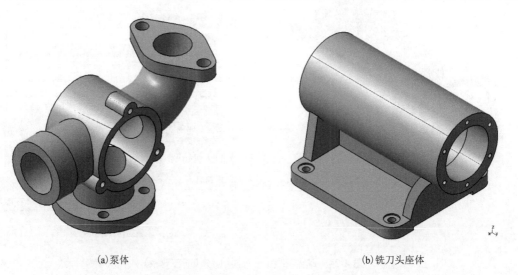

（a）泵体　　　　　　　　　　　　　　　　（b）铣刀头座体

图 4-26　箱壳类零件

的简单部分，然后逐一造型；一般是先创建实心结构，再考虑内腔；用"加强筋"命令创建肋板，用"孔"命令创建光孔或螺孔，最后创建倒角、圆角等修饰特征。

　　应用实例：以图 4-26(b)所示铣刀头座体为例，介绍其关键结构实体造型的方法。

　　(1)创建上部圆筒式箱体，其主体为套筒，选草图平面 yz，绘制套筒草图并定义约束，如图 4-27(a)所示；接着用"旋转体"命令创建套筒实体，如图 4-27(b)所示。

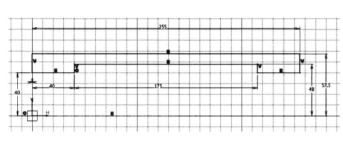

(a)套筒草图　　　　　　　　　　　　　　　(b)套筒实体

图 4-27　铣刀头座体——圆筒式箱体

　　(2)创建底板，选草图平面 xy，绘制底板草图并定义约束，如图 4-28(a)所示；接着用"凸台"命令创建底板(厚度 18)，其"定义凸台"对话框如图 4-28(b)所示；选底板右端面绘制其底部通槽草图，如图 4-28(c)所示，用"凹槽"命令创建底部通槽。

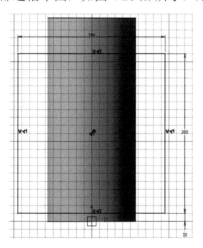

(a)底板草图　　　　　　　　　　　　　(b)"定义凸台"对话框

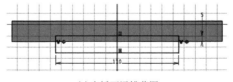

(c)底板下通槽草图

图 4-28　铣刀头座体——底板

　　(3)创建左端支撑板，选底板左侧面绘制草图，如图 4-29(a)所示，用到了"投影 3D 元素" 工具命令；接着用"凸台"命令创建左端支撑板(板厚 15)，如图 4-29(b)所示。

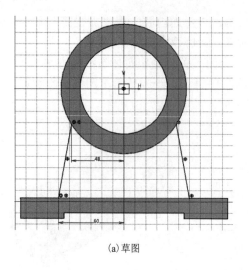

(a)草图

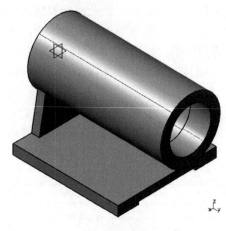

(b)左端支撑板

图 4-29　铣刀头座体——左端支撑板

　　(4)创建右端支撑板，用到一个新的基于草图的特征命令——"实体混合" ，使用该命令需要事先绘制两个草图，这两个草图在空间拉伸体的交集即为所创建的实体混合体。选择 yz 面绘制一个草图(草图 5)，如图 4-30(a)所示；选择右端支撑面绘制另一个草图(草图 6)，如图 4-29(a)所示，可用投影 3D 要素命令投影右侧支撑板草图得到(可以直接利用左侧支撑板草图)。激活"实体混合" 命令，弹出"定义混合"对话框，如图 4-30(b)所示，依次选择刚刚绘制的两个草图，

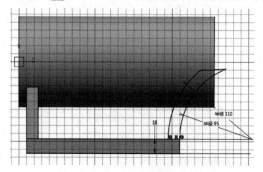

(a)右侧支撑板草图

(b)"定义混合"对话框

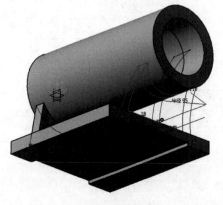

(c)混合实体预览

(d)右侧支撑板

图 4-30　铣刀头座体——右端支撑板

即可看到两个草图和实体混合预览,如图 4-30(c)所示,最终完成的右侧支撑板如图 4-30(d)所示。

(5)创建肋板(位于前后对称面位置,并且夹在左右两支撑板之间,板厚 15),用"加强筋"命令即可创建。

(6)创建位于圆筒式箱体左右两端的螺孔,两端螺孔尺寸和分布相同,都有六个圆周均布的 M8 螺孔,孔深 22,螺纹深度 18,径向中心圆直径为 98。用"孔"命令先创建一个螺孔,再用"圆形阵列"命令创建其余五个。

(7)按要求创建圆角和倒角修饰特征,完成铣刀头座体整体的实体造型,如图 4-26(b)所示。

4.3　建筑构件的实体造型

房屋的结构一般由柱、梁、板、墙、基础等组成。本节介绍一些常用建筑构件的结构特点和实体造型方法。

4.3.1　柱

柱是建筑物中垂直的主结构件,承托在它上方物件的重量。其主体一般为等截面的细长结构。按截面形式分,有方柱、圆柱、管柱、矩形柱、工字形柱、H 形柱、T 形柱、L 形柱、十字形柱等。其造型方法相对简单,绘制相应截形的草图,用"凸台"命令即可创建。

在此介绍一种复杂柱——牛腿柱,如图 4-31 所示,相邻上、下柱中间凸出的部分叫牛腿,用来支承起重机梁;柱的下端插入杯形基础。造型时可选立面绘制草图(包含牛腿轮廓),用"凸台"命令拉伸一定厚度。本例下部的凹槽,可用"拔模圆角凹槽" 🔳命令实现。

4.3.2　梁

梁是房屋结构中重要的承力构件,支在柱子上,需要两个或两个以上的支点。为了提高室内梁下净空高度和搁置预制楼板,通常把梁的横断面做成花篮梁,如图 4-32 所示,其造型方法简单,绘制截形草图,通过"凸台"命令拉伸即可创建。

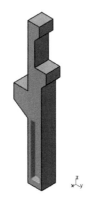

图 4-31　牛腿柱

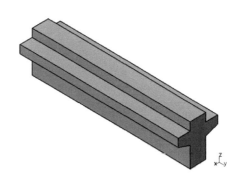

图 4-32　花篮梁

4.3.3　基础

房屋的基础取决于上部结构的形式。最常见的形式有墙下的条形基础和柱下的独立基础。此外还有筏形基础、箱形基础和桩基础等。独立基础常见的有普通和杯口两种形式，根据截面不同又有坡形和阶形两种截面，如图 4-33 所示。此处介绍坡形截面的杯口独立基础的造型方法，通过"凸台"命令拉伸创建主体，通过凹槽挖切创建杯口，利用"倒角"命令修饰坡面。

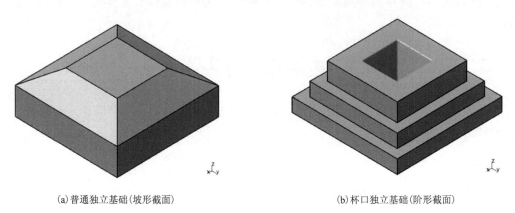

(a) 普通独立基础(坡形截面)　　　　　　(b) 杯口独立基础(阶形截面)

图 4-33　独立基础

4.3.4　台阶

台阶是一级一级供人上下行走的建筑构件，多在大门前或坡道上，如图 4-34 所示。台阶造型可按踏步和栏板形体分解结果逐一造型。

(a) 两级踏步，一侧栏板　　　　(b) 三级踏步，两侧栏板　　　　(c) 楼梯台阶，楼梯平台

图 4-34　台阶

4.3.5　涵洞

涵洞是指在公路建设中设于路基下修筑于路面以下的排水孔道，主要由洞身、基础、端墙和翼墙等构成。洞身由若干管节组成，形状有管形、箱形及拱形等，是涵洞的主体；端墙和翼墙位于入口和出口及两侧。图 4-35 所示为涵洞洞身、端墙与翼墙部分结构。

涵洞造型可按基础、洞身、端墙和翼墙四部分形体分解结果，逐一造型。图 4-35(b) 所示涵洞中端墙有多个斜面结构，可用"实体混合"命令快速创建；而翼墙造型可用"多截面实体"命令创建。

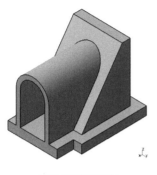

(a)洞身和端墙背面

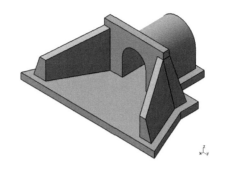

(b)洞口、端墙正面及翼墙

图 4-35　涵洞

4.4 上 机 实 训

1. 实训一

根据图 4-36 所示机件的轴测图，创建其实体模型。

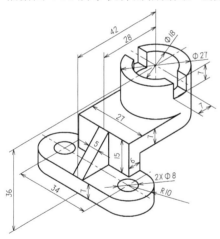

(a)

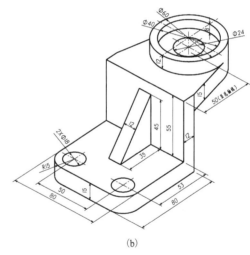

(b)

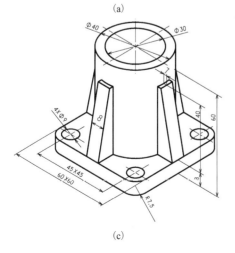

(c)

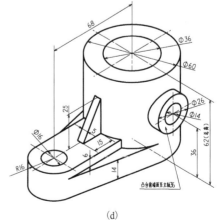

(d)

4-36

步骤 1

步骤 2

(a)

步骤 1

步骤 2

(b)

步骤 1

步骤 2

(c)

步骤 1

步骤 2

(d)

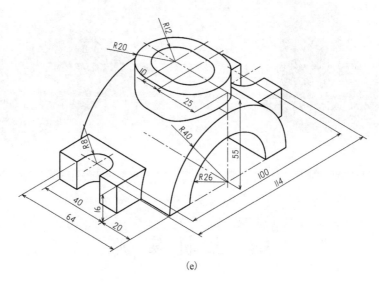

图 4-36　机件的轴测图

2. 实训二

根据图 4-37 所示房屋建筑物的三视图和轴测图，创建其实体模型。

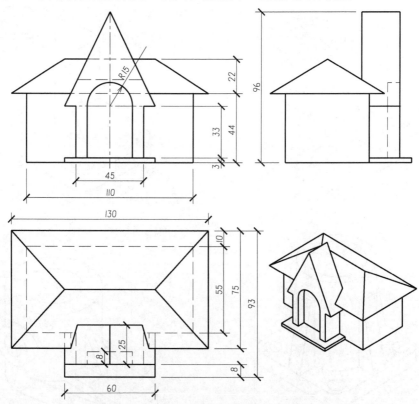

图 4-37　房屋建筑物的轴测图和三视图

3. 实训三

根据图 4-38 所示旋转楼梯模型的视图和轴测图，创建其实体模型。

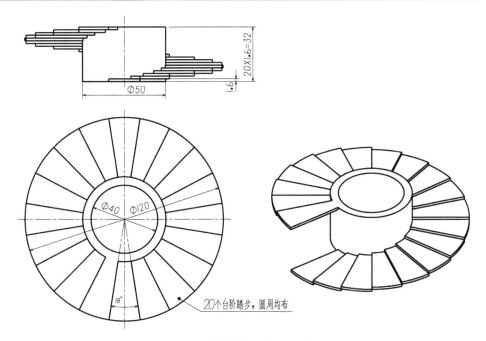

图 4-38 旋转楼梯的视图和轴测图

4．实训四

根据如图 4-39 所示窨井的三视图，用插入几何体的方法创建窨井的实体模型。

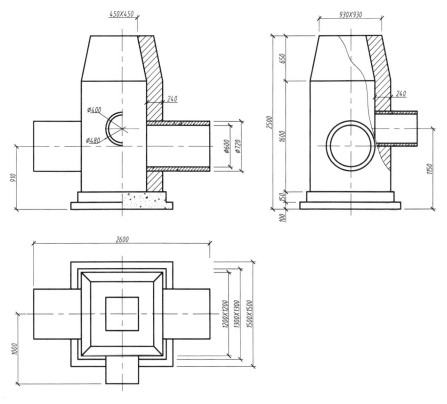

图 4-39 窨井的三视图

第5章

曲线与曲面设计

在 CATIA V5 中创建形状复杂的机械零件和建筑构件，需要创建复杂的空间曲线和曲面，这项工作需要在"机械设计"模块下的"线框和曲面设计"工作台或者"形状"模块下的"创成式外形设计"工作台中进行。创建曲线和曲面时，可由"零件设计"工作台直接转到相应的曲线和曲面设计工作台去创建。本章主要介绍"线框和曲面设计"工作台中常用的创建曲线和曲面及其编辑的工具命令，并以实例形式介绍曲面与零件实体的混合设计。

5.1　曲线和曲面设计工作台简介

在 CATIA "零件设计"工作台，当需要创建复杂曲线和曲面时，可单击"开始"→"机械设计"→"线框和曲面设计"，直接进入"线框和曲面设计"工作台，其工作界面如图 5-1 所示。

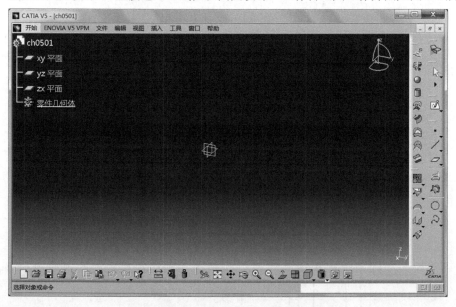

图 5-1　"线框和曲面设计"工作台工作界面

曲面设计时，先要设计出零件的线框模型，再使用创建曲面的命令将这些线框模型变成曲面模型。

曲线和曲面设计的最终目的是要创建具有特定外形的零件实体模型，所以当完成相关曲线和曲面创建任务后，都要返回到"零件设计"工作台，继续相关的零件实体造型。

为能腾出更大的图形工作区，不建议把所有工具栏都显示在工作界面，而是主张通过定制工具栏，在图形工作区先只显示其中的几个，如"工作台""选择""草图编辑器""线框""曲面""操作""标准""视图"等17个工具栏，如图5-2所示。

5-1
5-2

图 5-2　"线框和曲面设计"工作台显示在工作界面的工具栏(推荐)

5.2　创 建 曲 线

在"线框和曲面设计"工作台，创建曲线的工具命令图标都集中在"线框"工具栏上，有的工具命令图标右下角还有黑色三角形，单击后会出现子工具栏，如图 5-3 所示。显然，有大家熟悉的 3.3 节已详细讲解过的创建空间点■、直线╱和平面▱等参考元素的相关命令图标，此处不再赘述。本节重点讲解"线框"工具栏上其他几个常用的工具命令。

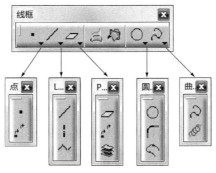

图 5-3　"线框"工具栏

5.2.1　点面复制

"点面复制"工具命令用于在已有曲线上一次创建多个等分点。

应用实例：选择 xz 面，随意绘制图 5-4(a)所示样条曲线；单击"点面复制"工具命令图

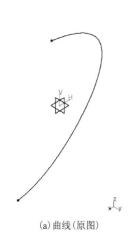

(a)曲线(原图)　　　　　(b)"点面复制"对话框　　　　　(c)实例为4

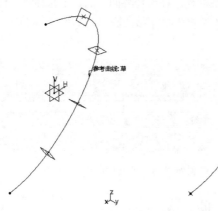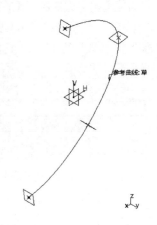

(d)实例为 4，同时创建法向平面   (e)实例为 4，包含端点   (f)实例为 4，包含端点并创建法向平面

图 5-4   "点面复制"工具命令应用实例

标 ，弹出图 5-4(b)所示"点面复制"对话框；定义对话框中实例为 4，并选择曲线，单击
"预览"按钮，在曲线两个端点之间创建了四个等分点，如图 5-4(c)所示；接着选择对话框
下面的"同时创建法向平面"复选框，得到图 5-4(d)所示的预览结果；如果选择了对话框中
的"包含端点"复选框，则得到图 5-4(e)所示的创建点和图 5-4(e)所示的包含过点的法向面
的预览结果。

5.2.2   折线

"折线"工具命令用于创建通过空间多个点的折线。

应用实例：打开配套电子文件 ch0505.CATPart，显示图 5-5(a)所示的图形，在两个水平面

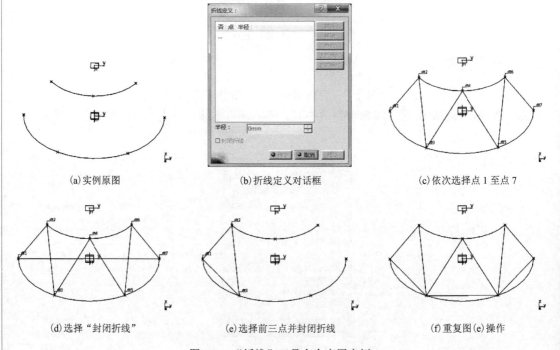

(a)实例原图   (b)折线定义对话框   (c)依次选择点 1 至点 7

(d)选择"封闭折线"   (e)选择前三点并封闭折线   (f)重复图(e)操作

图 5-5   "折线"工具命令应用实例

内，各绘制一圆弧，并用上述"点面复制"命令创建包含曲线端点的等分点；单击"折线"工具命令图标〜，弹出图 5-5(b)所示的"折线定义"对话框；依次选择图形上的点 1～点 7，由下至上，由左至右，得到图 5-5(c)所示的空间折线；如果选择对话框左下角的"封闭折线"复选框，结果如图 5-5(d)所示；如果在激活"折线"命令后，依次选择点 1～点 3，并封闭折线，结果如图 5-5(e)所示；两次重复图 5-5(e)操作，每三个点创建一次折线，结果如图 5-5(f)所示。

5.2.3　面间复制

"面间复制"工具命令用于在空间任意两个面之间一次复制多个面。

应用实例：图 5-6(a)所示两个平行平面，单击"面间复制"命令图标，弹出图 5-6(b)所示的"面间复制"对话框，依次选择两个平行平面，并定义实例数为 5，得到图 5-6(c)所示的结果，在两个面之间创建了 5 个等距平行面；当两面不平行时，将在两面之间创建得到间隔相同角度值的多个面，如图 5-6(d)～(f)所示。

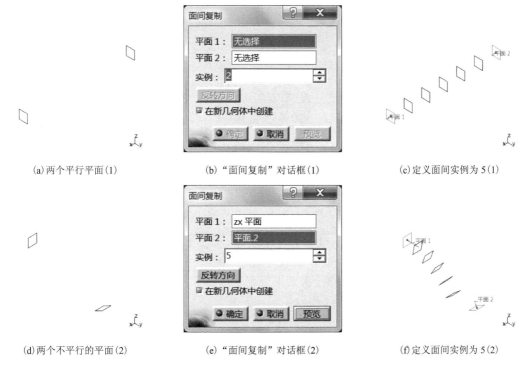

(a)两个平行平面(1)　　(b)"面间复制"对话框(1)　　(c)定义面间实例为 5(1)

(d)两个不平行的平面(2)　　(e)"面间复制"对话框(2)　　(f)定义面间实例为 5(2)

图 5-6　"面间复制"工具命令应用实例

5.2.4　投影

"投影"工具命令用于将曲线或点投影到曲面，并在曲面上得到其投影曲线或投影点。

应用实例：在球面前有一个封闭的三角形折线，如图 5-7(a)所示；单击"投影"工具命令图标，弹出图 5-7(b)所示的"投影定义"对话框；定义对话框中参数，"投影类型"选"法线"，"投影的"选三角形折线，"支持面"选球面，单击"预览"按钮，在球面上得到图 5-7(c)所示的投影效果。

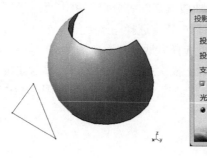
(a)原图

(b)"投影定义"对话框

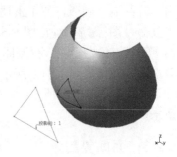
(c)投影结果预览

图 5-7　"投影"工具命令应用实例(沿支撑面法线投影)

如果投影定义对话框中的"投影类型"选"沿某一方向",则在对话框中增加了"方向"选项框,如图 5-8(a)所示;在"方向"框中单击鼠标右键,出现图 5-8(b)所示的快捷菜单,选择"X 部件"(即 x 轴),其他参数同上,则在球面上得到图 5-8(c)所示的投影效果。

(a)"投影定义"对话框

(b)"方向"右键快捷菜单

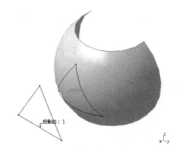
(c)投影结果预览

图 5-8　"投影"工具命令应用实例(沿指定方向投影)

应用实例:打开配套电子文件 ch0509.CATPart,显示图 5-9(a)所示的图形,显然是把上例中的封闭三角形折线替换成一个复杂曲线组成的"笑"字,当分别按图 5-7 和图 5-8 两种参数投影时,"笑"字曲线在球面上的投影效果分别如图 5-9(b)和(c)所示。

(a)原图　　　(b)投影类型为"法线"　　　(c)投影类型为"沿某一方向"

图 5-9　"投影"工具命令应用实例("笑"字曲线)

5.2.5　相交

"相交"工具命令用于求出相交两要素(曲面或曲线)的交线或交点,特殊情况下求出两条交叉线(异面线)的最近距离中点。

应用实例：打开配套电子文件 ch0510.CATPart，显示两面相交，另有一直线同其中的一个面相交，如图 5-10(a)所示；单击"相交"工具命令图标 ，弹出"相交定义"对话框，如图 5-10(b)所示；"第一元素"选一个曲面，"第二元素"选另一曲面，单击"预览"按钮，得到图 5-10(c)所示的两面交线。如果分别选择相交的曲面和直线，则得到二者的交点。

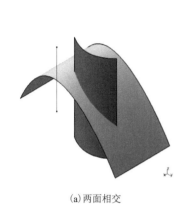

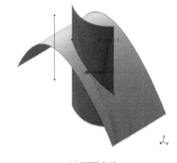

(a)两面相交　　　　　(b)"相交定义"对话框　　　　　(c)两面交线

图 5-10　"相交"工具命令应用实例

5.2.6　圆 ○

"圆" ○ 工具命令用于在空间任一平面上创建圆或圆弧。

应用实例：打开配套电子文件 ch0511.CATPart，显示三个两两相互垂直的平面，如图 5-11(a)所示；单击"圆"工具命令图标 ○，弹出"圆定义"对话框，如图 5-11(b)所示；单击"圆类型"列表，共有 9 种圆类型，如图 5-11(c)所示；如果"圆类型"为"中心和半径"，"圆限制"为圆弧 ◠，默认开始角度为"0deg"，结束为"180deg"，选正立面为支持面，并在"中心"选项框中右击鼠标，创建该面上的任一点作为圆心，结果得到该面上的一个半圆，如图 5-11(d)所示；可以调整圆限制的开始和结束的角度参数，改变圆弧大小，如图 5-11(e)所示；如果选择"圆限制"为整圆 ⊙，其他参数同上，结果会在支持面上得到一个整圆，如图 5-11(f)所示。

5.2.7　圆角 ⌐

"圆角" ⌐ 工具命令用于在空间两条线之间创建圆角。

应用实例 1：绘制任意两条空间直线，如图 5-12(a)所示，单击"圆角"工具命令图标 ⌐，弹出"圆角定义"对话框，如图 5-12(b)所示；圆角类型有"支持面上的圆角"和"3D 圆角"两种，在三维空间任意两条线之间创建圆角，一般选择"3D 圆角"，再依次选择两条直线，设置圆角半径值为 20，预览结果如图 5-12(c)所示；单击"下一个解法"按钮，可切换圆角所处夹角位置，如图 5-12(d)所示；选择"修剪元素 1"复选框，对直线 1 执行修剪，如图 5-12(e)所示；若同时选择"修剪元素 1"和"修剪元素 2"复选框，则对两直线都执行修剪，如图 5-12(f)所示。

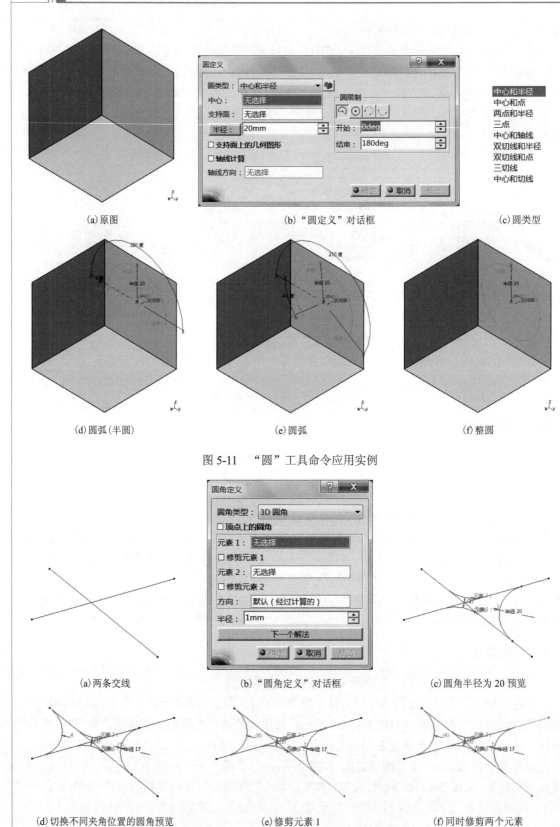

(a)原图　　　　　　　　(b)"圆定义"对话框　　　　　　　(c)圆类型

(d)圆弧(半圆)　　　　　　　(e)圆弧　　　　　　　(f)整圆

图 5-11　"圆"工具命令应用实例

(a)两条交线　　　　　　(b)"圆角定义"对话框　　　　　(c)圆角半径为 20 预览

(d)切换不同夹角位置的圆角预览　　　　(e)修剪元素 1　　　　(f)同时修剪两个元素

图 5-12　"圆角"工具命令应用实例 1

应用实例 2：打开配套电子文件 ch0505.CATPart，显示图 5-13（a）所示的图形，在上下两个圆弧之间，应用"折线" 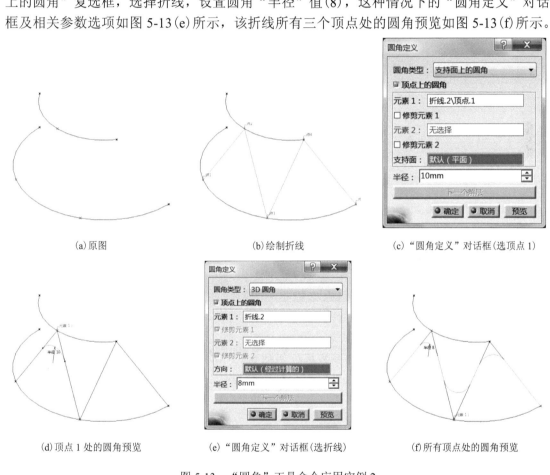 命令，依次选择点 1～点 5，创建折线，如图 5-13（b）所示；激活"圆角" 命令，在"圆角定义"对话框中选择"顶点上的圆角"复选框，然后选择折线的顶点 1（可以将鼠标移至折线顶点处，按住 Alt 键同时单击鼠标，然后通过单击键盘上的上下箭头拾取折线顶点），设置圆角值（10），"圆角定义"对话框及相关参数选项如图 5-13（c）所示，该折线顶点处的圆角预览如图 5-13（d）所示；如果要在折线所有顶点处一次性地创建相同半径的圆角，可在"圆角定义"对话框中选择"圆角类型"为"3D 圆角"，选择"顶点上的圆角"复选框，选择折线，设置圆角"半径"值（8），这种情况下的"圆角定义"对话框及相关参数选项如图 5-13（e）所示，该折线所有三个顶点处的圆角预览如图 5-13（f）所示。

（a）原图　　　　　　　　　　（b）绘制折线　　　　　　　　（c）"圆角定义"对话框（选顶点 1）

（d）顶点 1 处的圆角预览　　　（e）"圆角定义"对话框（选折线）　　　（f）所有顶点处的圆角预览

图 5-13　"圆角"工具命令应用实例 2

5.2.8　连接曲线

"连接曲线"工具命令用于创建两条曲线之间的连接线段。

应用实例：打开配套电子文件 ch0505.CATPart，显示图 5-13（a）所示的图形，应用"直线"工具命令在上下两个圆弧之间创建两条直线，如图 5-14（a）所示；单击"连接曲线"工具命令图标，弹出"连接曲线定义"对话框，分别选择刚刚绘制的两条直线的上端点，"连接曲线定义"对话框及相关参数选项如图 5-14（b）所示，此时连接曲线预览效果并不理想，通过调整第一曲线"弧度"值为 3，并单击第二曲线"反转方向"按钮，得到图 5-14（c）所示的连接曲线预览。

连接类型除"法线"外,还有另一种"基曲线",二者操作基本相同,只是在采用"基曲线"时,需要选择两条被连接曲线外的一条直线作为"基曲线",然后要求选择第一点,接着提示选择"第一曲线或第二点",如果选择了第一曲线,会要求依次选择第二点和第二曲线,创建连接曲线;否则,如果选择第二点,会提示接着选择第二曲线,创建连接曲线。

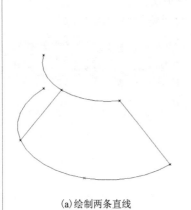

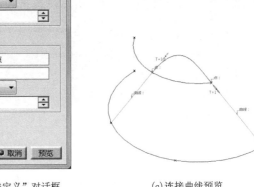

(a)绘制两条直线　　　　(b)"连接曲线定义"对话框　　　　(c)连接曲线预览

图 5-14　"连接曲线"工具命令应用实例

5.2.9　样条线

"样条线"工具命令用于创建通过空间多个控制点的样条曲线。

应用实例:打开配套电子文件 ch0505.CATPart,显示图 5-13(a)所示的图形;单击"样条线"工具命令图标,弹出"样条线定义"对话框;依次选择上下两条圆弧曲线上的点 1～点 5,"样条线定义"对话框及相关参数选项如图 5-15(a)所示,通过所选 5 个点创建的样条线预览效果如图 5-15(b)所示;如果选择对话框中的"封闭样条线"复选框,则得到图 5-15(c)所示的"心"形封闭样条线。

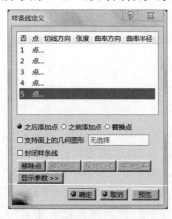
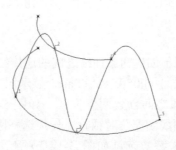
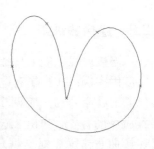

(a)"样条线定义"对话框　　　　(b)通过点 1 到点 5 的样条线　　　　(c)选择"封闭样条线"

图 5-15　"样条线"工具命令应用实例

5.2.10 螺旋线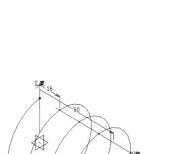

"螺旋线"工具命令用于创建螺旋线。图 2-1(c)所示螺旋体的导向线就是用该工具命令创建的。另外,创建螺旋弹簧,也要用到创建螺旋线的工具命令。

应用实例:创建一圆柱螺旋线,起点坐标为(0,0,30),轴线为 y 轴,螺距为 16,高度为60。单击"螺旋线"工具命令图标 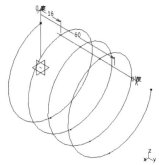,弹出"螺旋曲线定义"对话框,如图 5-16(a)所示;在"起点"选项框通过右键快捷菜单创建点(0,0,30),在"轴"选项框通过右键快捷菜单选择 y轴,随即出现螺旋线预览;设置"螺距"为 16,"高度"为 60,得到图 5-16(b)所示的螺旋线预览。

(a)"螺旋曲线定义"对话框   (b)圆柱螺旋线

图 5-16   "螺旋线"工具命令应用实例(圆柱螺旋线)

如果在上述圆柱螺旋线基础上继续"螺旋曲线定义"对话框中的相关参数的设定,"拔模角度"为"15deg","方式"为"尖锥形",则得到图 5-17(a)所示的圆锥螺旋线;而选择"方式"为"倒锥形"时,得到图 5-17(b)所示的倒锥螺旋线;如果事先绘制一条过螺旋线起点的曲线,在"螺旋曲线定义"对话框中选择"轮廓"单选框,并选择该曲线,则得到图 5-17(c)所示的特定外轮廓形状的螺旋线。

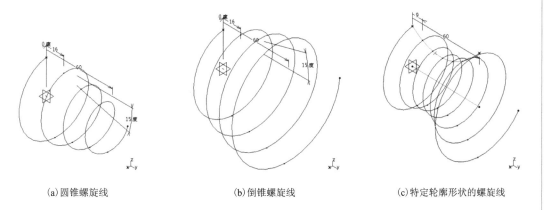

(a)圆锥螺旋线   (b)倒锥螺旋线   (c)特定轮廓形状的螺旋线

图 5-17   "螺旋线"工具命令应用实例(非圆柱轮廓螺旋线)

5.3 创 建 曲 面

进行复杂外形的零件造型设计，有必要进行曲面设计。利用 CATIA V5 提供的一系列曲面工具命令，如图 5-18 所示，创建复杂的单一曲面。

图 5-18　"曲面"工具栏

5.3.1　拉伸及圆柱面

"拉伸"工具命令用于创建拉伸曲面，将线拉伸成面。平面曲线默认沿其法线方向拉伸，空间曲线则需定义拉伸方向。"圆柱面"工具命令则用于创建圆柱面，是通过定义圆柱的中心点、半径及拉伸长度等参数创建圆柱面。

应用实例 1：创建拉伸曲面。打开配套电子文件 ch0505.CATPart，应用"样条线"工具命令，创建图 5-19（a）所示的样条曲线；单击"拉伸"工具命令图标，弹出"拉伸曲面定义"对话框，如图 5-19（b）所示；"轮廓"选择上部圆弧（平面曲线），默认沿该平面的法线方向拉伸，拉伸类型有"尺寸"和"直到元素"，默认拉伸 20mm 尺寸，拉伸曲面预览如

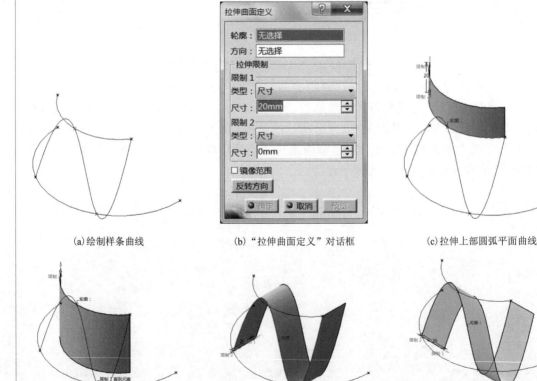

(a)绘制样条曲线　　　　(b)"拉伸曲面定义"对话框　　　　(c)拉伸上部圆弧平面曲线

(d)拉伸类型"直到要素"(点)　　　(e)拉伸样条曲线，X 轴　　　(f)拉伸样条曲线，Y 轴

图 5-19　"拉伸"工具命令应用实例

图 5-19(c)所示；如果选择限制 1 的"类型"为"直到元素"，并选择下部大圆弧上的一点，则得到图 5-19(d)所示的拉伸曲面。如果"轮廓"选择样条曲线(非平面曲线)，需要定义拉伸方向，在"方向"选择框右键菜单中选"X 轴"，拉伸曲面预览如图 5-19(e)所示；而拉伸"方向"选"Y 轴"时，拉伸曲面预览如图 5-19(f)所示。

　　应用实例 2：创建圆柱面。单击"圆柱面"工具命令图标▌，弹出"圆柱曲面定义"对话框，如图 5-20(a)所示；定义对话框中的圆柱中心为(0,0,0)，拉伸"方向"为"Z 轴"，而半径和长度参数按默认值 20，创建得到图 5-20(b)所示的圆柱面。

(a)圆柱曲面定义对话框　　　　　　　　　(b)中心点(0,0,0)，拉伸方向为 Z 轴

图 5-20　"圆柱面"工具命令应用实例

5.3.2　旋转▓及球面●

　　"旋转"▓工具命令用于创建回转曲面。"球面"●工具命令则用于快速创建球面。

　　应用实例 1：创建回转曲面，选择 yz 面，绘制形如图 5-21(a)所示的样条线；单击"旋转"工具命令图标▓，弹出"旋转曲面定义"对话框；由于绘制的轮廓草图中包含了回转轴线，所以在激活旋转命令后，自动拾取该轴线，得到图 5-21(c)所示的回转曲面预览，可以继续完善相关参数，完成回转曲面造型。

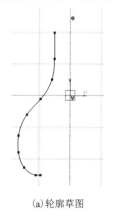

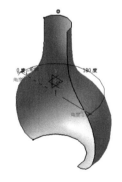

(a)轮廓草图　　　　　　　(b)"旋转曲面定义"对话框　　　　　　(c)旋转面

图 5-21　"旋转"工具命令应用实例

　　应用实例 2：创建球面，"球面"●工具命令是通过定义球心和半径创建球面的。单击"球面"工具命令图标●，弹出"球面曲面定义"对话框，如图 5-22(a)所示；在对话框"中心"选项框右键菜单中选择"创建点"，并在弹出的"点定义"对话框中选择点类

型为"圆/球面/椭圆中心"，再在上例图 5-21（c）图中拾取回转曲面上端的圆弧，确定后得到球心；当球面限制为默认的"通过制定角度创建球面" 时，得到一个不完整的球面，如图 5-22（b）所示；如果选择另一种球面限制"创建完整球面" ，得到一个完整球面，如图 5-22（c）所示。

 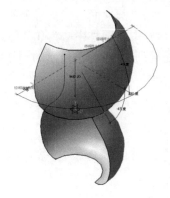 

(a)"球面曲面定义"对话框　　　　(b)不完整球面　　　　(c)完整球面

图 5-22　　"球面"工具命令应用实例

5.3.3　扫掠

"扫掠" 工具命令用于创建扫掠曲面，一般是轮廓曲线沿着引导曲线扫掠而成的曲面。

应用实例：打开配套电子文件 ch0523.CATPart，显示图 5-23（a）所示的两个草图，其中"草图 1"为长条孔形封闭曲线，"草图 2"为草图 1 法平面内的一条光滑曲线；单击"扫掠"工具命令图标 ，弹出"扫掠曲面定义"对话框；按默认的"显式"轮廓类型 ，分别选择"轮廓"为草图 2，"引导曲线"为草图 1，预览得到图 5-23（c）所示的扫掠曲面。

  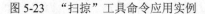

(a)原图　　　　(b)"扫掠曲面定义"对话框　　　　(c)扫掠曲面

图 5-23　　"扫掠"工具命令应用实例

从图 5-23(b)所示"扫掠曲面定义"对话框可知，扫掠"轮廓类型"共有四种："显式" 、"直线" 、"圆" 和"二次曲线" ，且每一个类型下又有很多子类型，加起来有 21 种之多。限于篇幅，以实例形式简单介绍"显式"扫掠最简单的一种，使读者对扫掠有一个概要了解。

5.3.4　多截面曲面

"多截面曲面" 工具命令用于创建多个不同截形的放样曲面。

应用实例：打开配套电子文件 ch0524.CATPart，是分布在三个平行平面上的三个不同的草图截形，如图 5-24(a)所示；单击"多截面曲面"工具命令图标 ，弹出"多截面曲面定义"对话框，如图 5-24(b)所示；按自上而下或相反的顺序依次选择三个截形草图，单击"预览"按钮，得到图 5-24(c)所示的多截面曲面预览。

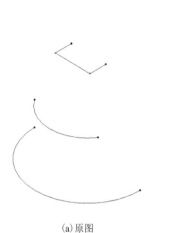
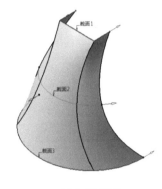

（a）原图　　　　　（b）"多截面曲面定义"对话框　　　　　（c）多截面曲面

图 5-24　"多截面曲面"工具命令应用实例

5.3.5　偏移

"偏移" 工具命令用于创建已有曲面的等距曲面。

应用实例：创建圆柱中心在坐标原点、半径 20、高度 40 的圆柱面，如图 5-25(a)所示；

（a）已有圆柱面　　　　　（b）"偏移曲面定义"对话框　　　　　（c）向外偏移 8mm

图 5-25　"偏移"工具命令应用实例

单击"偏移"工具命令图标，弹出"偏移曲面定义"对话框，如图 5-25(b)所示；选择该圆柱面，并向外偏移 8mm，得到图 5-25(c)所示的偏移面。如果选择对话框中的"双侧"复选框，顾名思义是向已有曲面双侧等距偏移。

5.3.6　填充

"填充"工具命令通常用于在已有曲线和曲面基础上创建修补曲面。

应用实例 1：打开配套电子文件 ch0526.CATPart，是一个正四棱锥体的线框模型，如图 5-26(a)所示；单击"填充"工具命令图标，弹出"填充曲面定义"对话框，如图 5-26(b)所示；依次选择围成左侧棱面的三条边线，单击对话框中的"预览"按钮，创建得到该侧棱面的预览图，如图 5-26(c)所示。重复上述操作，可以创建该四棱锥其余三个棱面和底面的填充。

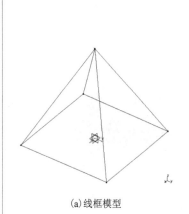 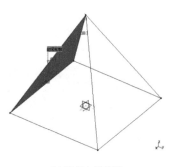

(a)线框模型　　　　(b)"填充曲面定义"对话框　　　　(c)填充左侧棱面

图 5-26　"填充"工具命令应用实例 1

应用实例 2：打开配套电子文件 ch0527.CATPart，是在图 5-24 放样基础上创建了上下底面的两条直线，并创建了一个空间点(0,0,40)，如图 5-27(a)所示；使用"填充"工具命令创建上下两个填充曲面(平面)，如图 5-27(b)所示；使用"填充"工具命令，依次选择后面的四条边线，创建得到图 5-27(c)所示的填充曲面。如果再选择对话框中的穿越点(0,0,40)，创建所得填充面会通过该点。至此就完成了一个封闭曲面的创建。

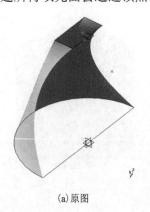  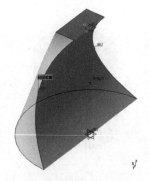

(a)原图　　　　(b)填充上下两个底面　　　　(c)填充余下的面

图 5-27　"填充"工具命令应用实例 2

5.3.7 桥接曲面

"桥接曲面" 工具命令用于在两个曲面或两条曲线或线面之间创建连接曲面。

应用实例： 打开配套电子文件 ch0528.CATPart，如图 5-28(a)所示；单击 "桥接" 曲面工具命令图标 ，弹出 "桥接曲面定义" 对话框，如图 5-28(b)所示；依次选择两个曲面的一条边线及其支持面，当对话框中 "基本" 选项卡下的第一连续和第二连续选择 "点"，指所创建的桥接曲面与支持面的连接方式为接触连接，此时单击 "预览" 按钮得到图 5-28(c)所示的桥接曲面；而选择第一连续为 "相切"，第二连续仍为 "点"，则得到图 5-28(d)所示的桥接曲面预览；选择第一连续和第二连续均为 "相切" 或 "曲率" 时，分别得到图 5-28(e)和(f)所示的桥接曲面预览。

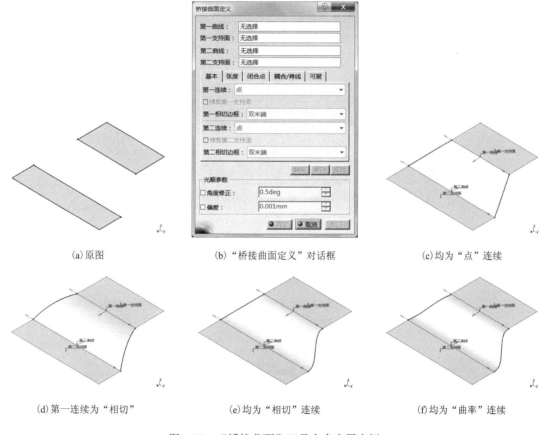

(a)原图　　　　　(b)"桥接曲面定义"对话框　　　　　(c)均为"点"连续

(d)第一连续为"相切"　　　　　(e)均为"相切"连续　　　　　(f)均为"曲率"连续

图 5-28　"桥接曲面"工具命令应用实例

"桥接曲面定义" 对话框中的 "张度" 选项卡，用于设置桥接曲面与支持面相切延伸的长度；"耦合/脊线" 选项卡下的 "脊线" 选择框，可以选择一条事先创建的线作为脊线，使桥接曲面限制在脊线范围内。

5.4　编辑曲线和曲面

在 "线框和曲面设计" 工作台，编辑曲线和曲面的工具命令图标集中在 "操作" 工具栏上，有的工具图标右下角还有黑色三角形，单击后会展开子工具栏，如图 5-29 所示。使用这些工具命令可以对已创建的曲线和曲面进行接合、修剪、分割、变换等编辑操作，以得到满足设计要求的曲线和曲面。本节仅简要介绍几个常用的曲线和曲面编辑工具。

5.4.1　接合

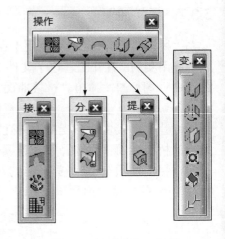

图 5-29　"操作"工具栏

"接合"工具命令用于将两个或两个以上的曲面缝合为一个面，要求用于连接的曲面的边线相邻接且不能重叠（间隙不能超过 0.1mm）。该工具也可将首尾相接的两条或多条曲线连接为一条线。

应用实例：打开配套电子文件 ch0530.CATPart，如图 5-30(a)所示，是用一条连接曲线把两条直线连接在一起，显然三者是彼此独立的曲线，用"接合"工具可将它们编辑成一个整体；单击"接合"工具命令图标，弹出"接合定义"对话框，如图 5-30(b)所示；依次选择三条曲线，单击对话框中的"预览"按钮，得到图 5-30(c)所示的一条曲线预览。

再如上述图 5-28 所示图例，两个平面用桥接曲面连接起来，也可用"接合"工具将独立的三个面缝合成一个面。

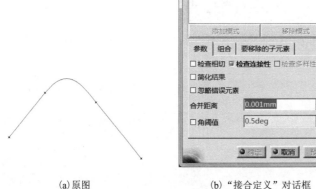

(a)原图　　　　　(b)"接合定义"对话框　　　　　(c)接合成一条曲线

图 5-30　"接合"工具命令应用实例

5.4.2　拆解

"拆解"工具命令用于将多单元的几何体（曲线或曲面）拆解为单一单元或单一域的几何体。

操作方法：单击"拆解"工具命令图标，弹出"拆解"对话框，如图 5-31(a)所示；选择拆解对象后，如上例图 5-30 接合曲线，则在"拆解"对话框中显示两种拆解模式下所能得的解数，"完全拆解"时可拆解得到 3 个单元，而"部分拆解"时，则只得 1 个域，如图 5-31(b)所示；选择一种拆解模式，单击对话框中的"确定"按钮，完成拆解操作。

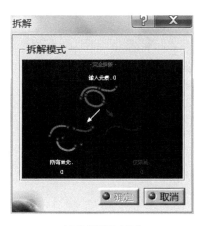 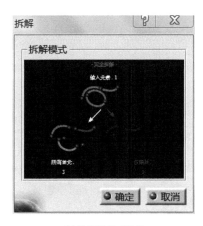

(a)选择拆解对象前　　　　　　　　　　　(b)选择拆解对象后

图 5-31　"拆解"对话框

5.4.3　分割

"分割"工具命令用于使用切除元素分割曲面或线框元素。可以用点、其他线框元素或曲面分割线框，或用线框元素或其他曲面分割曲面。

应用实例 1：打开配套电子文件 ch0532.CATPart，如图 5-32(a)所示，为一个接合的四棱锥面与平面相交。要用平面分割锥面，单击"分割"工具命令图标，弹出"定义分割"对话框，如图 5-32(b)所示。首先选择接合的锥面为要切除的元素，再选择平面为切除元素，可见平面下部的锥面颜色变为浅色，表示该侧曲面将被切除，单击对话框中"另外一侧"按钮，变换为切除平面上部的锥面，最后单击对话框中的"确定"按钮完成分割操作。

应用实例 1、2

  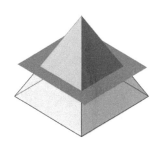

(a)原图　　　　　　(b)"定义分割"对话框　　　　(c)用平面切除锥面(下部)

图 5-32　"分割"工具命令应用实例 1

说明：在定义分割对话框中，勾选"保留双侧"复选框，表示分割操作后将保留两侧的曲面；勾选"相交计算"复选框，表示分割操作后将生成"要切除的元素"和"切除元素"二者的交线。

应用实例 2：打开配套电子文件 ch0533.CATPart，如图 5-33(a)所示，要用面上的线来分割面，使用"分割"工具命令，在定义分割对话框中选择面为"要切除的元素"，而选择面上的线为"切除元素"，分割结果预览如图 5-33(b)所示。

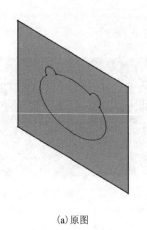
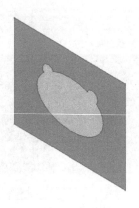

(a) 原图 　　　　　　　　　　　　　　　　　 (b) 用面上的线分割面

图 5-33　　"分割"工具命令应用实例 2

5.4.4　修剪

"修剪" 工具命令用于修剪两个或多个曲面或线框元素。修剪与分割二者的区别在于前者的两个对象可以互相修剪。

　　应用实例： 打开配套电子文件 ch0534.CATPart，如图 5-34 (a) 所示；单击 "修剪" 工具命令图标，弹出 "修剪定义" 对话框，如图 5-34 (b) 所示。依次选择相互修剪的两个面，得到图 5-34 (c) 所示的修剪预览，浅色的一侧将被修剪掉。当然，单击对话框中的 "另一侧/下一元素" 按钮，可以对 "修剪元素" 列表中的上一元素的另一侧进行修剪；而单击 "另一侧/上一元素" 按钮，则可修剪列表中下一元素的另一侧。

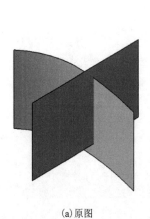

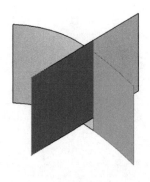

(a) 原图 　　　　　　　 (b) "修剪定义" 对话框 　　　　　 (c) 修剪预览

图 5-34　　"修剪"工具命令应用实例

5.4.5　提取

"提取" 工具命令用于从元素 (曲线、点、曲面、实体、体积等) 中执行提取，获得所需的点、线和面等元素。特别是当元素由几个非连接的子元素组成时，则可使用提取功能从这些子元素中生成单独的元素，而无须删除初始元素。

　　应用实例： 打开配套电子文件 ch0534.CATPart，如图 5-34 (a) 所示；单击 "提取" 工具命令图标![icon]，弹出"提取定义"对话框，如图 5-35(a)所示；若要提取曲面的上边线，直接选择该边，得到如图 5-35(b)所示的提取预览。

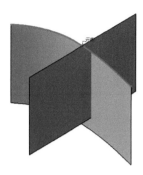

(a)"提取定义"对话框　　　　　　　　　　(b)提取曲面上边线预览

图 5-35　"提取"工具命令应用实例

5.4.6　平移![icon]、旋转![icon]、对称![icon]和缩放![icon]

"线框与曲面设计"工作台中的"平移"![icon]、"旋转"![icon]、"对称"![icon]和"缩放"![icon]等工具命令用于对线面对象进行相关的变换操作，与 3.8 节介绍的实体变换的操作方法基本相同，不再赘述。

5.5　曲面与实体的混合设计

复杂表面的机械零件或建筑构件的实体造型，仅在"零件设计"和"草图编辑器"两个工作台往往不能彻底完成，通常还需要进入"线框和曲面设计"工作台进行曲面设计，即把零件设计与曲面设计二者结合起来，进行所谓的混合设计，才能完成最终的设计造型。

混合设计过程中，当需要创建一些特殊的线面元素时，就要从"零件设计"工作台切换到"线框和曲面设计"工作台，而在这两个工作台设计时，又都需要不时地进出"草图编辑器"工作台进行草图设计，这就要求设计者有清晰的设计思路和较强的空间构思能力，熟悉不同工作台的图标和掌握不同工具命令的使用方法。本节以常见的棱锥和弹簧实体造型为例介绍混合设计的基本方法。

5.5.1　棱锥体的混合设计

在"零件设计"工作台创建棱锥体，既可利用多截面实体工具创建，也可通过对已有棱柱进行倒角或拔模斜度等修饰创建。

这里介绍一种曲面和实体混合设计创建棱锥体的方法。基本思路是先在"线框和曲面设计"工作台进行棱锥面设计，然后在"零件设计"工作台进行实体填充。本例欲创建一个正四棱锥，其底面正方形边长为 40mm，棱锥高度为 50mm，具体的操作方法如下。

(1)新建棱锥零件，进入"线框和曲面设计"工作台，选择 xy 面在草绘器中利用居中矩形![icon]工具命令绘制棱锥底面正方形 40×40，用"点"![icon]工具命令创建锥顶点(0,0,50)，用"直线"![icon]工具命令创建四条棱线，最后得到正四棱锥的线框模型，如图 5-36(a)所示。

(2)利用"提取"![icon]工具命令分别得到棱锥底面四条边线，然后利用"填充"![icon]工具

应用实例

命令分别创建四个侧棱面，并用"接合" ▦ 工具命令将这四个侧棱面缝合为一个面，如图 5-36(b)所示。

(3)返回到"零件设计"工作台，利用"基于曲面的特征"工具条中的"封闭曲面" ◇ 工具命令在棱锥面内填充实体，最终创建得到正四棱锥体，隐藏曲面及其边线等的实体模型如图 5-36(c)所示。

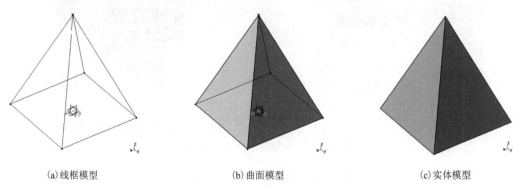

(a)线框模型　　　　　(b)曲面模型　　　　　(c)实体模型

图 5-36　正四棱锥体的混合设计

5.5.2　螺旋弹簧的混合设计

螺旋弹簧造型设计的关键是创建螺旋线。如果是压力弹簧，弹簧两端要磨平，造型时需要用磨平面分割端面；如果是拉伸弹簧，在弹簧两端有拉钩，需要在螺旋线基础上继续创建拉钩曲线。本例欲创建一个拉伸弹簧(材料直径 d=2，内径 D_1=11，外径 D_2=15，中径 D=13，节距 t=2.5，高度 H=40，拉钩中心距 L=52)，具体的操作方法如下。

(1)新建弹簧零件，进入"线框和曲面设计"工作台，利用"螺旋线" ⌇ 工具命令，依次定义螺旋线相关参数("起点"创建(6.5,0,0)，"轴"选 Z 轴，"螺距"为 2.5mm，"高度"为 40mm 等)，创建得到图 5-37(a)所示螺旋线。

(2)绘制弹簧上端拉钩圆弧，过螺旋线起始点(6.5,0,0)创建 yz 平面的平移平面，选择该面作为草图支撑面，在草绘器中用"弧" ⌒ 工具命令绘制圆弧(圆心坐标 H 为 0，V 为 46，半径 R 为 6.5mm，A 为 335deg，S 为 235deg)，如图 5-37(b)所示。

(3)绘制弹簧上端连接拉钩圆弧和螺旋线的连接曲线，用"连接曲线" ⌇ 工具命令，分别选择拉钩圆弧右下端点和螺旋线上端点，并单击"连接曲线定义"对话框中第一曲线和第二曲线的"反转方向"按钮，得到图 5-37(c)所示的连接曲线。

(4)绘制弹簧下端拉钩圆弧和连接曲线，方法同步骤(2)和(3)，结果如图 5-37(d)所示。

(5)使用"接合" ▦ 工具命令将以上创建的 5 段曲线连接成一条线(至此完成弹簧"中心曲线"的创建)。

(6)过接合线的下端点，使用"平面" ▱ 工具命令创建该接合线的法向面；在该法向面上绘制草图——圆(弹簧"轮廓")，其直径为 2mm(弹簧材料直径)，圆心与接合线的下端点重合，结果如图 5-37(e)所示。

(7)返回到"零件设计"工作台，利用"基于草图的特征"工具条中的"肋" ◿ 工具命令，依次选择步骤(6)绘制的圆(肋的"轮廓")和步骤(5)生成的接合线(肋的"中心曲线")，扫掠结果得到拉伸弹簧实体，如图 5-37(f)所示。

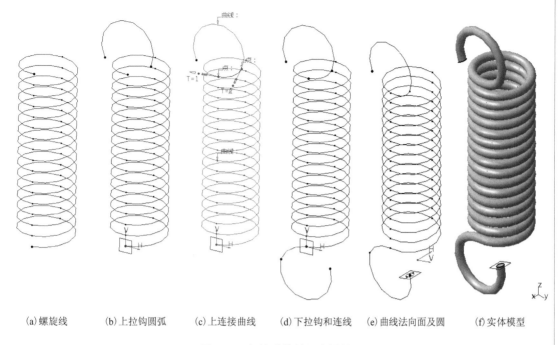

| (a)螺旋线 | (b)上拉钩圆弧 | (c)上连接曲线 | (d)下拉钩和连线 | (e)曲线法向面及圆 | (f)实体模型 |

图 5-37　拉伸弹簧的混合设计

5.6　上 机 实 训

1. 实训一
以(40,50,20)为起点，创建节距为 10、高度为 120、拔模角度为 10°的螺旋线(其余参数自设定)。

2. 实训二
创建一个弹簧，簧丝直径为 6，高度 80，外径 100(其余参数自定)。

3. 实训三
创建一个圆柱梯形螺纹(参数自设定)。

4. 实训四
创建正六棱锥，棱锥高度 70(其余参数自定)。

第6章

装 配 设 计

前几章主要介绍机械零件及建筑构件的实体造型，本章介绍在"装配设计（Assembly Design）"工作台如何将机械零部件组装起来成为产品（机器或部件）。

CATIA V5 有"自顶向下（Top-down）"和"自下而上（Bottom-up）"两种装配设计方法。传统的"自下而上"设计方法是从零件设计到总体的装配设计，可以理解为先设计零部件，再把它们组装在一起成为产品。这种方法设计的零部件之间不存在任何参数关联，仅有简单的装配关系，零件设计的问题只有在装配时才能被发现，修改起来比较烦琐。而另一种"自顶向下"设计方法是在装配环境中创建与其他零部件相关的零部件模型，是一种由装配部件的顶级向下产生零部件的设计方法，这种方法设计的零部件彼此相关联，如果一个零部件的尺寸发生变化，与它相关联的其他所有零部件的尺寸都将同步自动更改。

本章介绍基本的装配设计方法，首先介绍装配设计工作台启动方法及定制用户界面，然后重点介绍传统的"自下而上"装配设计中现有零部件的"插入""移动""约束（装配）""装配特征"等的各种工具命令，最后综合举例介绍装配设计方法和步骤。

6.1 "装配设计"工作台的启动及其用户界面

6.1.1 启动装配设计工作台

启动 CATIA V5 应用程序后，首先进入的就是"装配设计"工作台，其工作台图标为一对啮合的齿轮（"零件设计"工作台为一个齿轮）。

定制用户
界面

图 6-1 "新建"对话框

可以采用以下四种方法进入"装配设计"工作台。

（1）在"开始"下拉菜单中，选择"机械设计"→"装配设计"级联菜单项，进入"装配设计"工作台。

（2）在"标准"工具栏中，单击"新建"工具图标，弹出图 6-1 所示的"新建"对话框，从"类型列表"中选择 Product（产品），单击"确定"按钮，进入"装配设计"工作台。

（3）在"文件"下拉菜单中，选择"新建…"菜单命令，也将弹出图 6-1 所示的"新建"对话框，接下来进入"装配设计"工作台的操作方法同方法（2）。

（4）若有事先创建好的 CATIA 装配文件（文件扩展名为".CATProduct"），双击该文件，即可启动 CATIA 应用程序，并进入"装配设计"工作台。

6.1.2 定制装配设计工作台用户界面

"装配设计"工作台用户界面如图 6-2 所示。

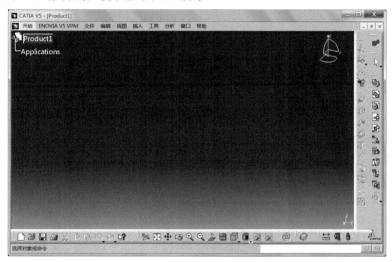

图 6-2 "装配设计"工作台用户界面

CATIA V5R21 装配设计工作台提供了 35 种工具栏，为能腾出更大的图形工作区，建议通过定制工具栏，在图形工作区只显示其中的几个，如图 6-3 所示。

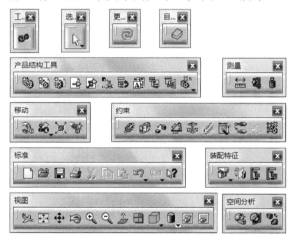

图 6-3 定制"装配设计"工作台用户界面工具栏（推荐）

6.2 插入和管理零部件

进入"装配设计"工作台，首先要求插入组成产品的零部件，"巧妇难为无米之炊"嘛。可以先插入零部件新文件而后再转到"零件设计"工作台去创建该零部件的实体；也可以直接插入现有的零部件实体；对于一些常用的螺栓、螺母等标准件，可以从"目录浏览器"的标准件库中直接选取插入；对于在产品中重复使用的零部件，在插入该零部件后可以使用"快速多实例化"工具命令多重复制。CATIA V5 中插入和管理零部件的工具命令图标都集中在图 6-3 所示的"产品结构工具"工具栏上。

6.2.1　插入新部件、产品及零件

启动"装配设计"工作台,系统默认建立一个名称为 Product1 的产品文件,即结构树上根节点的"产品"特征名称,其文件类型为 CATProduct(文件扩展名)。同时,自动添加一个"应用"树节点 Application,如图 6-4(a)所示。

"产品"特征表示要装配的产品,在其节点下可以插入要装配的"产品"、"部件"或"零件",如在产品特征节点 Product1 下分别插入了一个部件 Product2、产品 Product3 及零件 Part1,如图 6-4(b)所示。可以在插入的"产品"或"部件"下继续插入下一层次的"产品"、"部件"或"零件",如在插入的产品 Product3 下分别又插入了一个零件 Part2 和产品 Product4,如图 6-4(c)所示。

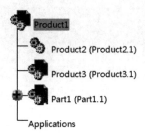
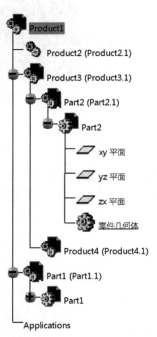

(a)新建装配文件　　　　(b)插入部件、产品和零件　　　　(c)在 Product3 下插入零件和产品

图 6-4　装配文件结构树

随着产品结构层次的进一步复杂化,结构树可以继续延长下去。

在产品或部件特征下插入"部件"、"产品"或"零件"时,需首先单击对应结构树上的节点名称,然后单击"产品结构工具"工具栏上"部件"、"产品"或"零件"的工具命令图标,即可完成相关特征插入工作。

一个机械产品通常是由若干个部件和零件组成,部件又是由多个零件装配而成。当需要为产品中插入的零件添加实体特征时,需要由"装配设计"工作台切换到"零件设计"工作台,一种快捷的方式是双击结构树上相应零件的特征名称即可,如双击图 6-4(c)所示结构树上的零件特征名称 Part1 或 Part2,即可切换到"零件设计"工作台。而在"零件设计"工作台完成零件实体造型后,只需双击结构树上任一产品、部件或零件特征节点,即可返回到"装配设计"工作台。

6.2.2 插入现有部件

"现有部件" 工具命令用于插入一个或多个事先创建好的现有零部件。使用时先单击装配结构树上欲插入到的"产品"或"部件"特征,再单击"产品结构工具"工具栏上的"现有部件"工具命令图标 ,在弹出的"选择文件"对话框中选择一个或多个现有部件,单击"打开"按钮,即可在选定的"产品"或"部件"特征下插入现有部件。

应用实例:新建装配文件,在其装配结构树根节点的右键快捷菜单中选择"属性"菜单项,在弹出的"属性"对话框中更改"产品"选项卡下的"零件编号"为 ch0605;单击该根节点使其为选中状态(橙色),单击"现有部件"工具命令图标 ,从配套电子文件中选择并打开 ch0605 文件夹中的现有零件 01BanKong.CATPart,即可在 ch0605 产品下插入该零件,如图 6-5 所示。

图 6-5 "现有部件"工具命令应用实例

6.2.3 插入具有定位的现有部件

"具有定位的现有部件" 工具命令用于插入现有部件并可对其进行简单定位。

应用实例:在 6.2.2 小节实例基础上,使用"具有定位的现有部件" 工具命令在产品特征 ch0605 下继续插入配套电子文件 ch0605 文件夹中的现有零件 02DuanGai.CATPart,具体的操作方法如下。

(1)单击装配结构树根节点 ch0605,再单击"具有定位的现有部件"工具命令图标 ,在"选择文件"对话框中选择插入现有部件的文件 02DuanGai.CATPart,打开后插入初始状态如图 6-6(a)所示,同时,弹出"智能移动"对话框,如图 6-6(b)所示。

(2)在"智能移动"对话框中拖动刚插入的零件,使插入初期交织在一起的两个零件彼此分离,如图 6-6(c)所示,便于接下来的定位操作。

(3)选择"智能移动"对话框中的"自动约束创建"复选框,分别选择两个零件的接触端面,并单击预览图中的旋转箭头使二者处于正确的面接触方位,再单击对话框中的空白处后便添加了"曲面接触"约束;继续分别拾取二者的回转轴线并单击空白处,又添加了"相合"约束;往下还可以继续添加约束,直至定位完成,单击"确定"按钮,得到图 6-6(d)所示的插入并定位的零件。

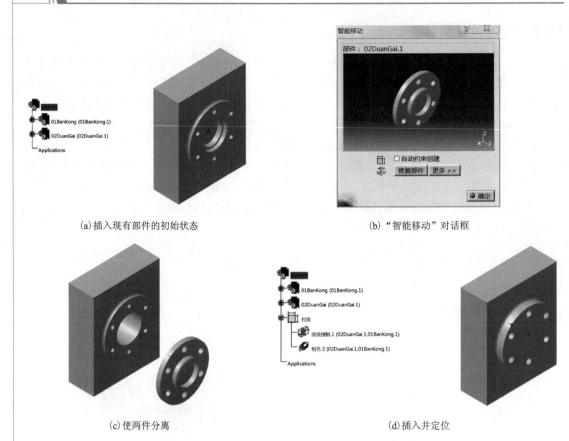

(a)插入现有部件的初始状态   (b)"智能移动"对话框

(c)使两件分离   (d)插入并定位

图 6-6   "具有定位的现有部件"工具命令应用实例

6.2.4   插入标准件

如果建立了标准件库，可以使用"目录浏览器" 工具命令直接从库中选取标准件并插入。操作时，首先单击装配结构树上需要插入到的"产品"或"部件"特征节点；再单击"目录浏览器"工具栏上的"目录浏览器"工具命令图标 ；在弹出的"目录浏览器"对话框中依次选择标准(如国际标准 ISO Standards)、标准件种类(如螺钉 Screws)和结构形式(如圆柱头螺钉)及其规格大小(如 M5×20)等，双击选中的标准件，完成插入操作。

6.2.5   替换部件

"替换部件" 工具命令用于将部件替换为其他部件。操作时，首先在结构树中选择要被替换的部件特征，然后单击"产品结构工具"工具栏中的"替换部件"工具命令图标 ；在弹出的"文件选择"对话框中选择替换文件，单击"打开"按钮后出现"对替换的影响"对话框，单击"确定"按钮，完成替换操作。

6.2.6   图形树重新排序

"图形树重新排序" 工具命令用于对装配结构树上插入的产品、部件和零件等进行重新排序。操作时，首先单击装配结构树上要重新排序的节点("产品"或"部件")；再单击"产品结构工具"工具栏中的"图形树重新排序"工具命令图标 ，弹出图 6-7 所示的"图形树重新排序"对话框；然后选择对话框列表中要移动的装配特征，通过单击"上移选定产品"按钮⬆或"下移选定产品"按钮⬇，逐步调整产品特征顺序；或者，在选定一个产品特征后，通过单击"移动选定产品"按钮🔁，再选择一个产品特征，快速地将选定特征移到指定特征的后部；最后，单击对话框中的"确定"按钮，完成装配结构树的重新排序。

6.2.7　生成编号

"生成编号"工具命令用于对产品中的零部件进行编号。该编号可用作为装配图中的零件序号。操作时，首先单击装配结构树上要生成编号的节点（"产品"或"部件"）；再单击"产品结构工具"工具栏中的"生成编号"工具命令图标，弹出图 6-8 所示的"生成编号"对话框；选择编号模式（整数或字母），单击"确定"按钮，即可为选中节点下的零件添加了编号。

为零件添加编号后，在装配结构树上右击该零件特征，选择右键快捷菜单中的"属性"菜单项，可在弹出的"属性"对话框的"产品"选项卡中看到所添加的编号。

图 6-7　"图形树重新排序"对话框

图 6-8　"生成编号"对话框

6.2.8　快速多实例化

"快速多实例化"工具命令用于对产品中的零部件进行多重复制。操作时，首先单击装配结构树上要复制的零件特征；再单击"产品结构工具"工具栏中的"快速多实例化"工具命令图标，即可复制选中的零件。

6.2.9　定义多实例化

"定义多实例化"工具命令用于对产品中的零部件进行阵列多重复制。操作时，首先单击装配结构树上要复制的零件特征；再单击"产品结构工具"工具栏中的"定义多实例化"工具命令图标，弹出图 6-9(a) 所示的"多实例化"对话框；根据设计要求设置对话框中"新实例"和"间距"等参数，并选择阵列的"参考方向"，即可阵列复制选中的零件。如选中要实例化的部件为 M5×20 的螺钉，定义多实例化参数为："新实例"为"2"，"间距"为"25mm"，"参考方向"为，多实例化预览结果如图 6-9(b) 所示。

说明：如果选择"多实例化"对话框中的"定义为默认值"复选框，则本次多实例化操作设置的参数值将会作为"快速多实例化"的默认参数。

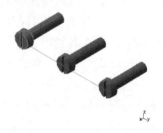

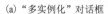

（a）"多实例化"对话框　　　　　　　　　（b）阵列复制预览

图 6-9　"定义多实例化"工具命令应用实例

6.3　移动零部件

　　进行产品装配设计时，新插入的多个零部件，特别是一次性地插入了多个零部件时，这些零部件往往都是虚拟地交织在一起，甚至有些小尺寸的零件被完全包容而不可见，不便于进一步的装配约束操作，有必要移动它们使其彼此离开一定距离并做适当旋转，处于有利装配操作的方位。CATIA V5 中移动零部件，既可以借助指南针进行操作，也可以使用工具命令来完成。相应的移动工具命令都集中在图 6-3 所示的"移动"工具栏上。

6.3.1　使用指南针移动零部件

　　使用位于用户界面右上角的指南针可以方便、快捷地操作零部件，使其移动和旋转。

应用实例

　　应用实例：以移动组成虎钳的四个零件为例，介绍使用指南针移动零部件的操作方法。具体的操作步骤如下。

　　（1）打开配套电子文件"移动"文件夹中的 0HuQian 装配文件，它是一次性插入四个现有零件的初始状态，如图 6-10（a）所示，它们彼此交织在一起，而且最小的螺母被完全包容。

　　（2）指南针中的红色正方形称为操作手柄（图 6-10（b）），当光标移至操作手柄上时，指针变为移动符号（图 6-10（c）），此时可按住鼠标左键将指南针拖拽至任一零件实体上，调整好方位后释放鼠标按键，如图 6-10（d）所示，至此做好了移动准备。

　　（3）单击要移动的一个零件（在模型上或结构树上均可），将光标移至指南针某一轴上时，可拖动零件沿轴向移动；移至指南针某一面上时，可拖动零件在面上平移；移至指南针某一弧上时，可拖动零件绕轴旋转；移至 z 轴端点处的自由旋转手柄时，可拖动零件自由转动。

　　（4）重复步骤（3），可移动和旋转其余几个零件，完成移动操作后，把指南针拖拽离开依附的零件模型，最终移开的零件状态如图 6-10(e)所示。

注意：上述移动操作完成后，指南针方位有所改变，可通过两种方法使其恢复原始方位，方法一，将指南针拖拽到图形工作区右下角的坐标系上，并释放鼠标按键；方法二，单击"视图"下拉菜单中的"重置指南针"菜单项。

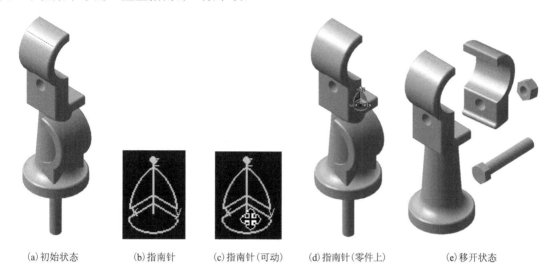

(a)初始状态　　　　(b)指南针　　　　(c)指南针(可动)　　　(d)指南针(零件上)　　　　(e)移开状态

图 6-10　使用指南针移动零部件

6.3.2　操作

"操作"工具命令用于通过设定移动方向或旋转轴来移动或旋转零件。操作时，单击"移动"工具栏上的"操作"工具命令图标，弹出图 6-11 所示的"操作参数"对话框；通过单击对话框中第一行的按钮设定一个移动方向，然后拖拽任一零部件使其沿选定的方向移动；也可单击对话框第二行的面内平移按钮，对零部件实施平移操作；单击第三行的旋转按钮，对零部件实施旋转操作。

图 6-11　"操作参数"对话框

注意：(1)对话框每一行最后一个按钮允许用户选择指定的移动方向、平移面和旋转轴；(2)选择"操作参数"对话框中的"遵循约束"复选框后，操作零部件时只能在已有约束的规范下移动和旋转零部件，该功能可对零部件进行简单的运动仿真。

6.3.3　捕捉和智能移动

"捕捉"和"智能移动"这两个工具命令都是通过拾取要素实现快速移动的。

使用"移动"工具栏上的"捕捉"工具命令移动零部件时，先拾取一个零部件上的一个几何图形元素(面或边线)，再拾取另一个零部件上的一个几何图形元素(面或边线)，即可将第一个选中的元素移动到第二个位置，此时可通过单击图 6-12 所示选择元素上的绿色箭头反转零件位置，

(a)换向箭头　　(b)反转后的效果

图 6-12　换向箭头

确定位置后单击界面上的其他地方，结束捕捉操作。

"智能移动"工具命令的用法与 6.2.3 小节介绍的"具有定位的现有部件"相同，在单击"智能移动"工具命令图标后，会弹出"智能移动"对话框，在选择对话框中的"自动约束创建"复选框后，可在移动操作后自动添加相关约束。

6.3.4 分解

"分解"工具命令用于"爆炸"产品，使组成产品的零部件一次性地彼此分离。操作时，单击"移动"工具条上的"分解"工具命令图标，弹出"分解"对话框，在结构树上选择要分解的产品，单击"应用"按钮，即可将选中的产品"爆炸"分解。

应用实例：对 6.3.1 小节介绍的 0HuQian 虎钳装配文件实施分解操作，如图 6-13 所示。

(a) 初始状态   (b)"分解"对话框   (c) 分解后的状态

图 6-13　对虎钳实施"分解"操作

6.4　约束零部件

装配设计插入到产品中的零部件经移动操作后彼此分离，便于后续的装配定位操作。CATIA V5 装配设计零部件之间的位置关系是通过施加约束实现的，约束工具命令图标集中在图 6-3 所示的"约束"工具栏上。

6.4.1　相合约束

"相合约束"工具命令常用于两回转体的同轴约束，也可约束两个零件上的相关元素使其重合，如约束两个零件上的两个点使其相合(共点)、两线相合(共线)、两面相合(共面)、点与线相合(点在线上)、点与面相合(点在面上)以及线与面相合(线在面上)等。

应用实例：打开配套电子文件"约束"文件夹中的 ch0614 装配文件，由底板和螺钉两个零件组成，为两个零件分别施加同轴和接触共面相合约束，具体操作方法如下。

(1) 单击"约束"工具栏上的"相合"约束工具命令图标 ，再分别拾取两个零件上要约束的两个元素，如螺钉轴线和底座一个孔的轴线，如图 6-14(a) 所示，即可为二者施加一个图 6-14(b) 所示的同轴相合约束。

(2) 重复执行"相合"约束命令，选择图 6-14(c) 所示底板的上表面和螺钉端头的圆环面，则会弹出图 6-14(d) 所示的"约束属性"对话框，通过对话框中的"方向"选项，可以设置两面是对齐共面(相同)还是接触共面(相反)，当然也可直接单击图 6-14(c) 上的箭头调整约束平面的方向，单击"确定"按钮，完成接触共面约束的施加，如图 6-14(e) 所示。

(3) 单击"更新"工具栏上的"全部更新"工具命令图标 ，使施加的约束生效，得到图 6-14(f) 所示的装配。

(a) 拾取两件轴线   (b) 施加同轴约束   (c) 拾取两件平面

(d) "约束属性"对话框   (e) 施加接触共面约束   (f) 约束结果

图 6-14   "相合约束"工具命令应用实例

注意：在创建约束后，默认情况是零部件并不会立即按约束方式改变位置，只有在手工单击"更新"工具栏上的"全部更新"工具命令图标 后才可使约束生效，零部件按约束要求安装到位。

6.4.2   接触约束

"接触约束" 工具命令一般用于约束两个零件使其两面接触，也可约束两个零件上的相关元素使其接触，如约束两个零件上的点接触(平面与球面接触)、线接触(平面与圆柱面接触、两圆柱面接触、内孔表面与球面接触、内孔表面与圆锥面接触、球面与圆锥面接触等)和曲面接触(两圆柱面、两球面)等。操作时，单击"约束"工具栏上的"接触约束"工具命令图标 ，分别选择两件上的两个平面，则会在所选的两面间施加接触约束；如果所选元素是曲面，会弹出图 6-15 所示的"约束属性"对话框，可调整"方向"选项。

(a) "平面-圆柱面"接触　　　　　　　　　　(b) "圆柱面-圆柱面"接触

图 6-15　接触"约束属性"对话框

6.4.3　偏移约束

"偏移约束"工具命令用于约束两个零件之间的距离，两件上可供选择的偏移要素可以是：点-点、点-直线、点-平面、直线-直线、直线-平面、平面-平面等几种情况。操作时，单击"约束"工具栏上的"偏移约束"工具命令图标，选择两件上的相关元素，如两个平面，弹出图 6-16 所示的"约束属性"对话框，定义相关参数选项并输入偏移值，最后单击"确定"按钮，完成偏移约束的施加。

6.4.4　角度约束

"角度约束"工具命令用于约束两个零件之间的角度，两件上可供选择的角度要素可以有：直线-直线、直线-平面、平面-平面等几种情况。操作时，单击"约束"工具栏上的"角度约束"工具命令图标，选择两件上的相关元素，弹出图 6-17(a) 所示的"约束属性"对话框；选择对话框中"扇形"下拉列表中的相关选项，如图 6-17(b) 所示，可以设置角度位置；输入"角度"值，最后单击"确定"按钮，完成角度约束的施加。

　　　　　　　　　　　　　　　　　　　(a) "约束属性"对话框参数　　(b) "扇形"下拉列表

图 6-16　偏移"约束属性"对话框　　　　图 6-17　角度"约束属性"对话框

注意：特殊情况下，如果所选两元素相互垂直，可选"约束属性"对话框中的"垂直"单选按钮；若两元素相互平行，则选"平行"单选按钮；而"平面角度"单选按钮，则用于在与两元素回转轴垂直的平面内定义夹角。

6.4.5　固定部件

"固定部件" 工具命令用于约束被选零部件使其固定不动。操作时,单击 "约束" 工具栏上的 "固定部件" 工具命令图标 ,并选择要固定的零部件,则为其施加了固定约束。

装配设计时,应首先选择一个零部件并为其施加固定约束,如选择机器中的机体或底座,然后将其他零部件装配约束到固定件上去。

固定约束有两种:空间固定约束和相对固定约束。前者为默认的固定约束,若将该件移位后,再单击 "更新" 命令,该零部件会回到原位;而相对固定约束的则不然。

双击结构树上固定约束特征,弹出图 6-18 所示的 "约束定义" 对话框(展开后),取消 "在空间中固定" 复选框,单击 "确定" 按钮,完成相对固定约束的转换。

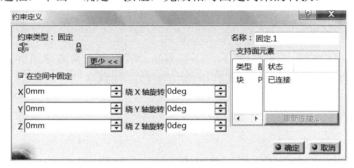

图 6-18　固定 "约束定义" 对话框

6.4.6　固联

"固联" 工具命令用于将产品中的两个或多个处于活动状态的零部件连接在一起,可以成组约束它们到指定的部位。当在一个零件与一组已添加了 "固联" 中的任一零件之间添加约束时,所有固联零件都将受到影响。

应用实例:新建产品,通过 "目录浏览器" 工具命令分别插入符合 ISO 标准的两个标准件(螺栓 M20×80 和螺母 M20),并利用移动工具调整二者位置,如图 6-19(a)所示;单击 "约束" 工具栏上的 "固联" 工具命令图标 ,弹出图 6-19(b)所示的 "固联" 对话框,然后逐个选择要进行固联的零件,单击 "确定" 按钮,即可使选定的两个零件固联在一起。

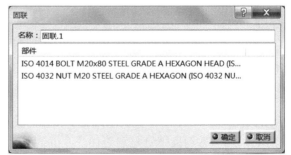

(a)两个被选零件　　　　　　　　　　(b) "固联" 对话框

图 6-19　　"固联" 工具命令应用实例

6.4.7　快速约束

"快速约束"工具命令用于在两个零件之间根据其上被选元素情况自动为其添加一个适当的约束。操作时，单击"约束"工具栏上的"快速约束"工具命令图标，然后分别选择两个零件上的两个对应元素，即可在两个被选件之间自动添加一个约束。

6.4.8　柔性/刚性子装配

"柔性/刚性子装配"工具命令用于更改一个产品中的子部件(或子装配)为"柔性"装配或"刚性"装配。

系统默认插入到产品中的子部件(或子装配)一般为"刚性"装配，不允许对其零部件进行单独移动操作，只能作为一个刚性体整体移动。而只有将"刚性"装配改为"柔性"的，才可对其零部件进行单独移动。

操作时，单击"约束"工具栏上的"柔性/刚性子装配"工具命令图标，再选择结构树上的子部件(或子装配)，即可实施"柔性/刚性"更改。注意区别更改前后二者特征图标的变化，柔性子装配图标的左上角齿轮变成紫色。

6.4.9　更改约束

"更改约束"工具命令用于将现有的约束更改为其他类型的约束。操作时，单击"约束"工具栏上的"更改约束"工具命令图标，弹出图 6-20 所示的"可能的约束"对话框，从中选择一个替换的约束类型，单击"确定"按钮，完成约束的更改。

(a)已有约束为"直线-直线"相合　　　　(b)已有约束为"平面-平面"接触

图 6-20　"可能的约束"对话框

6.4.10　重复使用阵列

"重复使用阵列"工具命令用于按照产品中已有零部件的阵列模式快速复制零部件。

应用实例：在 6.2.3 小节实例基础上，使用"目录浏览器"工具命令插入符合 ISO 标准的螺钉 M5×20，并约束螺钉与端盖任一孔的同轴相合及接触约束，装配结果如图 6-21(a)所示；然后按住 Ctrl 键选择结构树上要阵列的螺钉和已有阵列(图 6-21(b))，再单击"约束"工具栏上的"重复使用阵列"工具命令，弹出图 6-21(c)所示的"在阵列上实例化"对话框，并得到图 6-21(d)所示的阵列预览，单击"确定"按钮，完成螺钉的阵列。

应用实例

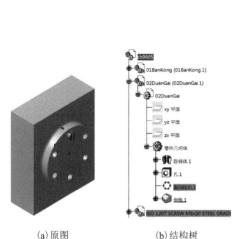

(a)原图   (b)结构树   (c)"在阵列上实例化"对话框   (d)阵列预览

图 6-21   "重复使用阵列"工具命令应用实例(阵列螺钉)

6.5   装 配 特 征

在 CATIA V5"装配设计"工作台也可以创建除零件、部件及产品以外的特征,如分割、孔、对称等,并可设置模型之间的关联关系。这些工具命令图标集中在"装配特征"工具栏上,如图 6-22 所示,本节只介绍其中的几个常用工具命令。

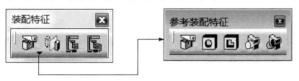

图 6-22   "装配特征"工具栏

6.5.1   分割、孔、凹槽、添加和移除

"分割"、"孔"、"凹槽"、"添加"和"移除"等工具命令图标均位于图 6-22 所示"装配特征"工具栏上的"参考装配特征"子工具栏上。在"装配设计"工作台为零件添加分割、孔和凹槽等特征的操作方法,与在"零件设计"工作台中的基本相同,不同之处是在操作时需要设置所添加的特征会影响到的其他零件。这些装配特征在装配设计涉及"配制"时更能显现其价值。

应用实例:以产品中两个零件定位销孔(配制)为例说明"孔"特征操作方法。打开配套电子文件 ch0623 文件夹中的 ch0623 装配文件,由两个底板零件组成,如图 6-23(a)所示,在两个零件立壁上配制定位销孔(一般定位销是成对使用,此处只添加一个)。

具体的操作方法如下。

(1)单击"参考装配特征"工具栏上的"孔"工具命令图标,再选择右侧 part1 零件立壁侧立面,除了弹出图 6-23(b)所示的"定义孔"对话框外,还同时弹出图 6-23(c)所示的"定义装配特征"对话框。

(2)在"定义孔"对话框中,在"类型"标签下设置孔类型为"锥形孔","角度"为"1.146deg";

在"扩展"标签下选择"直到最后"和"直径"为"8mm"。

(3)在"定义装配特征"对话框中,由于执行"孔"　⊙工具命令后,选择的是右侧 part1 立壁侧立面,所以零件 part1 显示在该对话框下部的"受影响的零件"列表中。而系统会自动检测到装配设计中"可能受影响的零件"part2,并将它们显示在对话框的上部列表中。选中"可能受影响的零件"列表中的零件,单击位于该列表下面的"添加选定零件至受影响零件的列表"按钮 ⌄,将其添加到对话框下部列表中。

(4)单击"定义孔"对话框中"确定"按钮,完成在两个零件上添加锥孔的装配特征,如图 6-23(d)所示(装配分解图)。

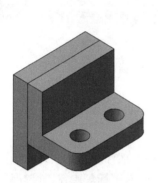

(a)原装配体

(b)"定义孔"对话框

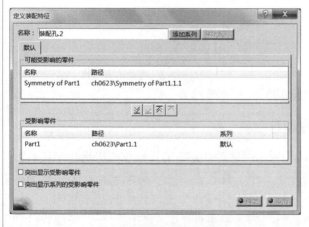

(c)"定义装配特征"对话框

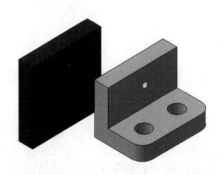

(d)分解图

图 6-23　"孔"装配特征应用实例

"分割" 、"凹槽" 、"添加" 和"移除" 等工具命令的操作方法与上述孔的基本相同,不再赘述。

6.5.2　对称

"对称" 工具命令用于装配设计时快速复制对称分布的零部件,具体的操作方法如下。

(1)单击"参考装配特征"子工具栏上的"对称"工具命令图标 ,弹出图 6-24(a)所示的"装配对称向导"消息框。

(2)依次选择对称面以及要进行对称变换的零部件或产品，又弹出图 6-24(b)所示的"装配对称向导"对话框。

(3)设置"装配对称向导"对话框中的相关选项，并单击"完成"按钮，完成操作。

(a)"装配对称向导"消息框

(b)"装配对称向导"对话框

图 6-24　"对称"工具命令

6.6　装 配 分 析

6.6.1　计算碰撞

"计算碰撞"工具命令可以计算分析两个零部件之间是否存在干涉，还可以计算两者之间的间隙是否符合要求。

以图 6-14 所示装配体为例说明"计算碰撞"的具体操作方法：首先，选择装配体中的两个零件；然后，单击"分析"下拉菜单→"计算碰撞..."菜单命令，弹出"碰撞检测"对话框，如图 6-25(a)所示，"结果"显示"计算未完成"；最后，单击"应用"按钮，得到的

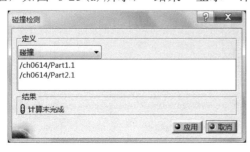

(a)"碰撞检测"对话框(计算前)

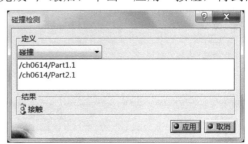

(b)"碰撞检测"对话框(计算后)

图 6-25　"碰撞计算"工具命令应用实例(碰撞)

计算结果为"接触",如图 6-25(b)所示。

　　注意:碰撞计算完成后,如果"碰撞检测"对话框中"结果"区的图标为红色,并有"碰撞"字样,表示检测到干涉,会在实体上的干涉部位显示为红色;如果"结果"区的图标显示为黄色,并有"接触"字样,表示检测到接触,会在实体上的接触部位显示为黄色;如果"结果"区的图标显示为绿色和"无干涉"字样,表示未检测到干涉。

　　如果在"碰撞检测"对话框的"定义"下拉列表中选择"间隙"选项,会在其右侧显示一个"间隙值"的文本框,如图 6-26(a)所示;输入间隙值并单击"应用"按钮,系统会计算出间隙小于间隙值的区域,在实体上显示出相应的颜色,并在对话框"结果"区域显示"间隙违例",否则,像本例情况,显示为"接触",如图 6-26(b)所示。

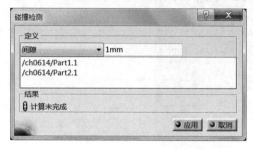
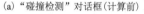
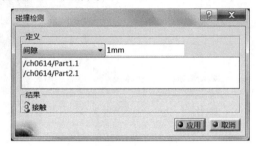

(a)"碰撞检测"对话框(计算前)　　　(b)"碰撞检测"对话框(计算后)

图 6-26　"碰撞计算"工具命令应用实例(间隙)

6.6.2　约束

　　"约束"分析用于分析装配约束的状态。单击"分析"下拉菜单→"约束..."菜单命令,弹出"约束分析"对话框,如图 6-27(a)所示,在"约束"选项卡中显示约束状态;在"自由度"选项卡中显示自由度数目,如图 6-27(b)所示。

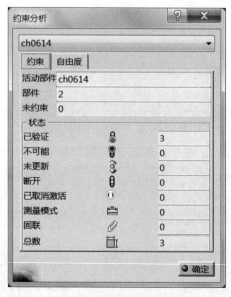

(a)"约束分析"对话框(约束)　　　(b)"约束分析"对话框(自由度)

图 6-27　"约束"工具命令应用实例

6.7　综合应用举例

以图 6-28 所示的滚轮架为例，综合举例说明装配设计的操作方法和步骤。

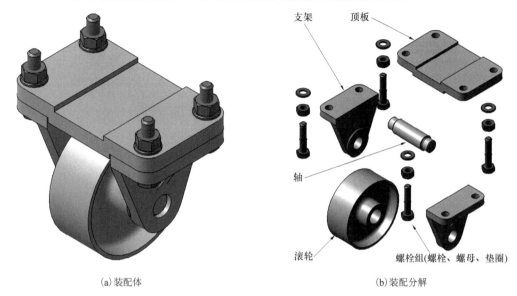

(a) 装配体　　　　　　　　　　　　　　　　(b) 装配分解

图 6-28　滚轮架装配体及其组成零件

(1) 运行 CATIA V5 软件，进入"装配设计"工作台，系统自动新建一个名称为"Product1"的产品，其产品结构树如图 6-29(a) 所示。在结构树"Product1"节点的右键快捷菜单中选择"属性"菜单项，在弹出的"属性"对话框的"产品"选项卡中更改"零件编号"为"滚轮架"，即产品的新名称，其产品结构树如图 6-29(b) 所示。

(2) 插入第一个现有零件——顶板，从配套电子文件"ch0628 滚轮架"文件夹中插入，其文件名为"01DingBan.CATPart"，并为其施加固定约束，如图 6-30 所示。

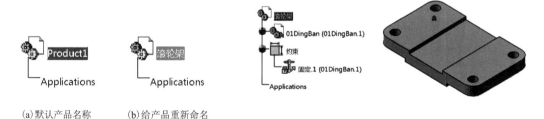

(a) 默认产品名称　　(b) 给产品重新命名

图 6-29　新建装配体结构树　　　　　　图 6-30　为"滚轮架"添加第一个零件——顶板

(3) 插入第二个现有零件——支架，从配套电子文件"ch0628 滚轮架"文件夹中插入，其文件名为"02ZhiJia.CATPart"，并在顶板和支架之间施加两个"相合" 约束和一个"曲面接触" 约束，如图 6-31 所示。

(4) 插入第三个现有零件——轴，从配套电子文件"ch0628 滚轮架"文件夹中插入，其文件名为"03Zhou.CATPart"，并在轴和支架之间施加一个"相合" 约束和一个"偏移" 约束(偏移距 2mm)，如图 6-32 所示。

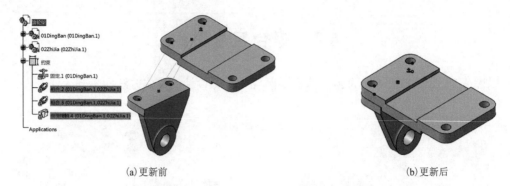

(a)更新前　　　　　　　　　　　　　　　　(b)更新后

图 6-31　为"滚轮架"添加第二个零件——支架

(a)更新前　　　　　　　　　　　　　　　　(b)更新后

图 6-32　为"滚轮架"添加第三个零件——轴

(5)插入第四个现有零件——滚轮,从配套电子文件"ch0628 滚轮架"文件夹中插入,其文件名为"03GunLun.CATPart",并在滚轮和轴之间施加一个"相合" 🔘约束,在滚轮和支架之间施加一个"偏移" 🔧约束(偏移距 4mm),如图 6-33 所示。

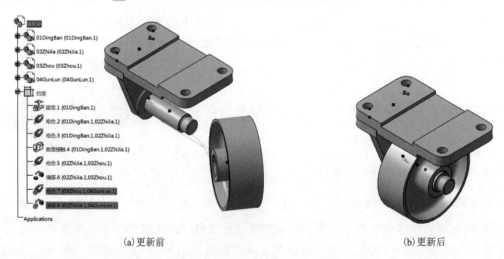

(a)更新前　　　　　　　　　　　　　　　　(b)更新后

图 6-33　为"滚轮架"添加第四个零件——滚轮

(6)利用"对称" 🔧工具复制对称分布的支架零件,如图 6-34 所示。

(7)利用"新建部件" 🔧工具命令在"滚轮架"产品下插入一个新部件,并重新命名为"螺栓组件",如图 6-35 所示。

(a)"对称"操作过程

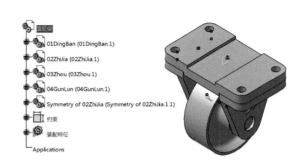

(b)完成对称复制

图 6-34 对称复制支架

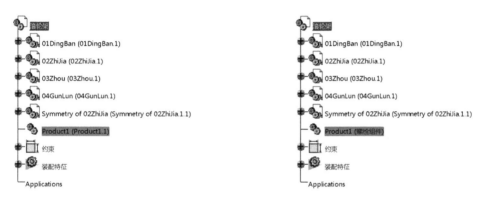

(a)新插入部件的结构树

(b)重新命名新插入的部件

图 6-35 为"滚轮架"添加新部件——螺栓组件的结构树

(8)双击结构树上"螺栓组件"节点，激活该部件，利用"目录游览器" 工具命令，插入螺栓(ISO 4014 BOLT M10×45)、垫圈(ISO 7089 WASHER 10×20)和螺母(ISO 4032 NUT M10)三个标准件，如图 6-36(a)所示；在螺栓和垫圈之间施加一个"相合"约束和一个"偏移"约束(偏移距 22mm)，如图 6-36(b)所示；在螺母和螺栓之间施加一个"相合"约束，在螺母和垫圈之间施加一个"曲面接触"约束，如图 6-36(c)所示。

(a)在"螺栓组件"下插入三个标准件

(b)两件间施加约束

(c)三件间施加约束

图 6-36 为"螺栓组件"添加标准件——螺栓组件

（9）双击结构树的根节点，激活"滚轮架"装配体，在螺栓和顶板孔之间施加一个"相合" 🔩约束，在螺栓头和支架沉头孔之间施加一个"曲面接触"🔲约束，如图 6-37 所示，完成一组螺栓组件的装配。

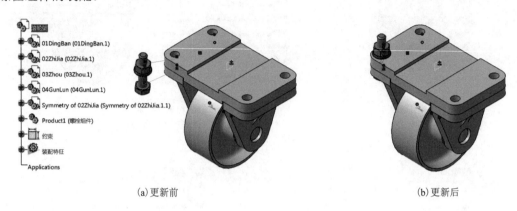

（a）更新前　　　　　　　　　　　　（b）更新后

图 6-37　装配一组螺栓组件

（10）利用"重复使用阵列"🔲工具，先选顶板"01DingBan"几何体上已有的孔阵列，再选"螺栓组件"，快速复制得到其他几组螺栓组，完成全部滚轮架的装配设计，如图 6-38 所示。

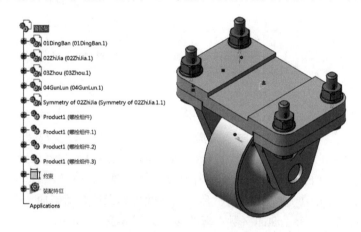

图 6-38　阵列复制全部螺栓组件

（11）保存文件。上述所创建的滚轮架装配体模型只是对组成该装配体中各个零部件模型的引用，产品和组成产品的零部件之间数据相关联。为便于数据管理和后续修改，应该将产品及其组成零部件的文件存储在同一个文件目录下。具体操作方法为：单击"文件"下拉菜单→"保存管理…"菜单项→"保存管理"对话框→"另存为…"按钮，选择产品文件保存目录和文件夹，重新命名为 Wheel，保存产品文件；在自动返回到"保存管理"对话框后，单击"拓展目录"按钮，再单击"确定"按钮，所有与产品文件关联的零部件文件都将保存到与产品相同的文件目录。

6.8　上 机 实 训

根据如图 6-39 所示的螺纹调节支撑的工程图（装配图和零件图），创建其装配体。

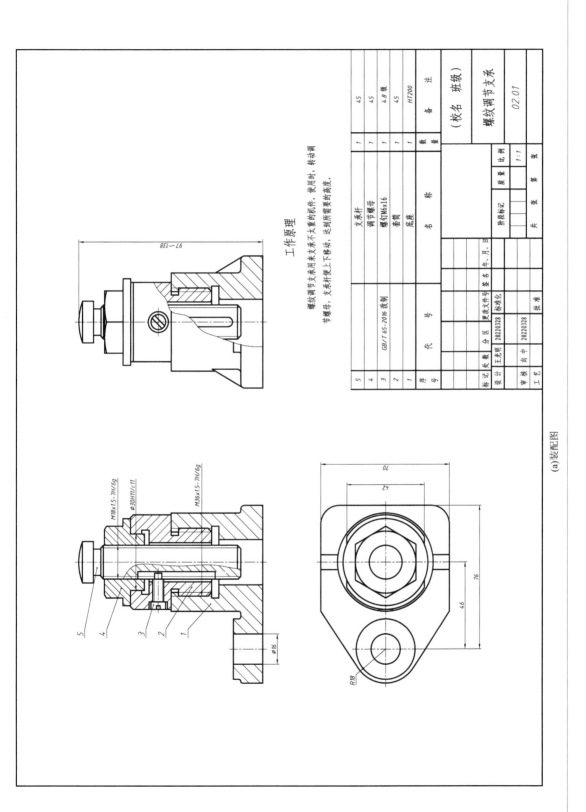

（a）装配图

工作原理

螺纹调节支承用来支承不重的机件。使用时，转动调节螺母，支承杆便上下移动，达到所需要的高度。

序号	代号	名称	数量	备注
5		支承杆	1	45
4		调节螺母	1	45
3	GB/T 65-2016 改制	螺钉M6×16	1	4.8级
2		套筒	1	45
1		底座	1	HT200

螺纹调节支承　02.01

（校名　班级）

比例 1:1

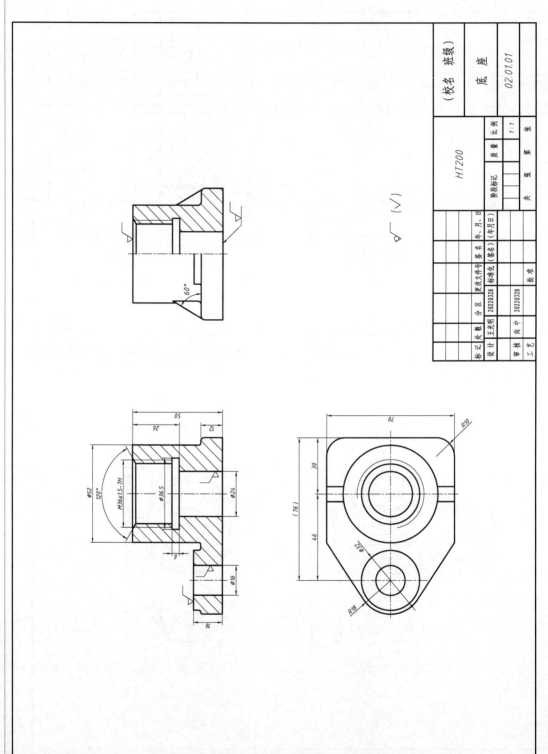

<table>
<tr><td>（校名 班级）</td><td>底座</td><td>02.01.01</td></tr>
</table>

HT200		阶段标记	质量	比例			共 张 第 张	
				1:1				

标记	处数	分区	更改文件号	签名	（年月日）		
设计	王光明	20220328	标准化	20220328		批准	
审核	向中		工艺				

(b) 零件图 1

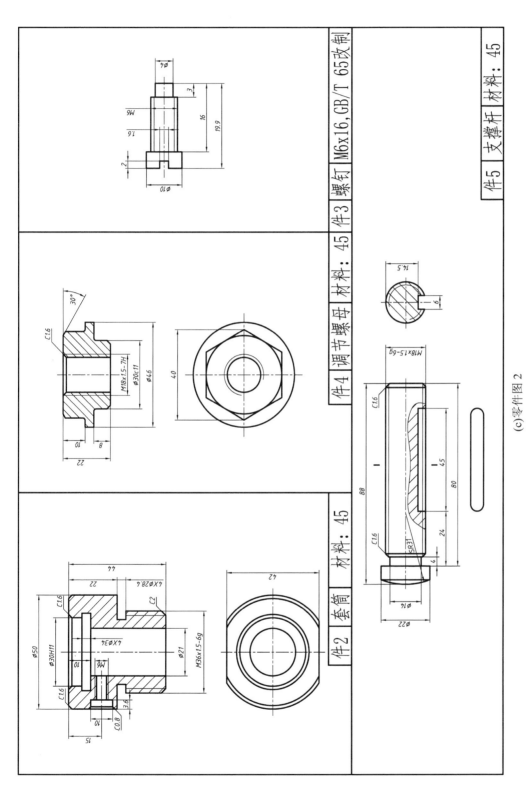

(c)零件图 2

图 6-39 螺纹调节支撑的工程图

件2 套筒 材料：45

件4 调节螺母 材料：45

件3 螺钉 M6x16, GB/T 65改制

件5 支撑杆 材料：45

6.9　思　考　题

6-1　简述装配设计的一般步骤。

6-2　怎样将现有零部件插入到当前产品?

6-3　可以通过哪些操作方法移动零部件?

6-4　怎样设置快速多实例化的参数?

6-5　怎样利用阵列快速复制零部件?

6-6　两零部件间适合相合约束的相关要素组合都有哪几种?

6-7　怎样进行干涉分析?

6-8　怎样应用存储管理将产品及其组成零部件文件存储在同一个文件夹中?

第7章

工程图设计

创建完成一个机械产品及其零部件或者一个建筑构件的数字模型，即可在 CATIA V5 的"工程制图(Drafting)"工作台进行相关的工程图设计，创建符合技术制图标准和规范的机械零部件工作图(Working Drawings)或者建筑施工图(Construction Drawings)。

CATIA V5 提供两种制图方式：交互式制图(Interactive Drafting)和创成式制图(Generative Drafting)。

交互式制图是通过人与计算机之间的交互操作，使用绘图、编辑和尺寸标注等命令来绘制二维工程图。视图中的图线要逐条绘制，线型要人为设定，尺寸只能半自动标注，视图之间的投影关系要借助一些辅助手段来保证。在交互式制图中，计算机是作为一种替代传统图版、丁字尺和绘图仪器的先进工具，图形的对错由设计师主观判断确定，图形与设计师大脑中构思的形体之间没有数据关联性，视图之间也没有关联性，设计更改只能逐个视图、逐条图线地修改，效率低，易出错。

创成式制图则是当代一种先进的制图方法，设计师通过计算机进行交互式的、动态的、可视化的、参数化的操作，把大脑构思转变成三维的、虚拟的、数字化的实体模型，再基于三维实体模型创建生成与之相关联的二维工程图。创成式制图可自动标注尺寸，设计者制图的主要工作是拟定合理的表达方案，制图方法操作简单，便于修改，效率高，出错率低。

对于一个新的设计来讲，所有的工作不可能完全地自动化，计算机生成的工程图在二维表达方面尚有许多不符合现行设计规范的问题。要得到合格的工程图样，尚需人工干预，需要在创成式制图的基础上用交互式的方法对图样进行必要的修改，联合使用两种制图方式完成符合工程规范的图样设计。

本章主要介绍创成式制图方法，侧重介绍创建机件的各种视图、剖视图、断面图、局部放大图以及轴测图等，同时介绍视图修改、尺寸标注、公差标注、表面粗糙度标注、文本注写以及图框和标题栏绘制的一般方法，最后综合举例介绍创建共存于同一个工程图文件下的产品装配图及零件图的方法和步骤。

7.1 工程制图工作台的启动及其用户界面

7.1.1 启动工程制图工作台

在创建完成机械产品及其零部件或者建筑构件的实体模型后，即可进入 CATIA V5 "工程制图"工作台进行工程图设计。

"工程制图"工作台图标🔧为一张绘图桌和放置在桌上的一个齿轮。通常情况下，可以采用以下四种方法进入"工程制图"工作台。

（1）在"开始"下拉菜单中，选择"机械设计"菜单项→"工程制图"级联菜单项，弹出图 7-1（a）所示的"创建新工程图"对话框；单击"修改…"按钮，在弹出的"新建工程图"对话框（图 7-1（b））中设置图纸幅面和格式；选择对话框中四种自动布局（"空图纸" □、"所有视图" ⊞、"正视图、仰视图和右视图" ⬚、"正视图、俯视图和左视图" ⬚）之一，单击"确定"按钮，进入"工程制图"工作台。

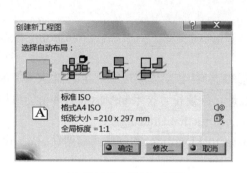

(a)"创建新工程图"对话框

(b)"新建工程图"对话框

图 7-1　"创建新工程图"对话框

（2）在"标准"工具栏中，单击"新建"工具图标□，弹出图 6-1 所示的"新建"对话框，从类型列表中选择 Drawing（制图）；单击"确定"按钮，弹出图 7-1（b）所示的"新建工程图"对话框，同方法（1）设置相关选项并单击"确定"按钮，进入"工程制图"工作台。

（3）在"文件"下拉菜单中，选择"新建…"菜单命令，也将弹出图 6-1 所示的"新建"对话框，接下来进入"工程制图"工作台的操作方法同方法（2）。

（4）若有事先创建好的 CATIA 工程图文件（文件扩展名为".CATDrawing"），双击该文件，即可启动 CATIA 应用程序并直接进入"工程制图"工作台。

7.1.2　定制工程制图工作台用户界面

7-1～
7-3

"工程制图"工作台用户界面如图 7-2 所示。

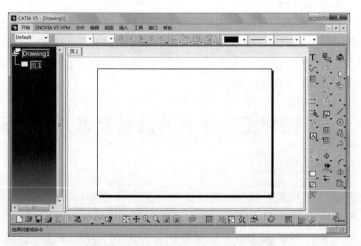

图 7-2　"工程制图"工作台用户界面

进入"工程制图"工作台后，系统会自动建立一个工程图文件，默认的文件名是"DrawingX. CATDrawing"（X=1，2，3，…），同时建立一个图纸页"页.1"，在该图纸页上可以创建添加各种视图。该用户界面是一个二维的工作界面，左边窄条窗口显示工程图的结构树，记录工程图中的图纸页及在图纸页中创建的各种视图；右边大窗口是图纸页的工作区，在该区可以创建各种视图、剖视图、断面图等，并可以自动或手动标注尺寸，注写文字等；窗口周边则是与工程制图有关的各种工具栏。

　　"工程制图"工作台提供了 40 余种工具栏，如"视图""尺寸标注""尺寸属性""几何图形创建""几何图形修改""标注""文本属性""修饰"工具栏等。为能腾出更大的图形工作区，建议通过定制在图形工作区只显示其中的十余个工具栏，如图 7-3 所示。

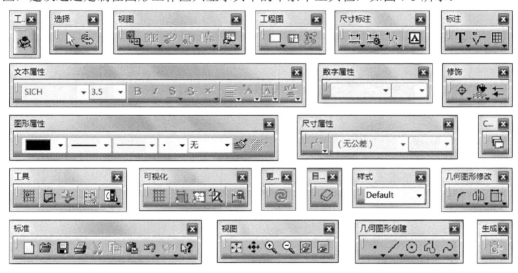

图 7-3　定制"工程制图"工作台用户界面工具栏（推荐）

7.2　创 建 视 图

　　工程图样通常由一组视图、一组尺寸（零件图则要求标注完整尺寸）、技术要求以及标题栏和明细栏（零件图中只有标题栏）四部分内容组成。

　　工程图样中使用视图表达机件的外部形状，常用的有：基本视图、向视图、局部视图和斜视图等；使用剖视图表达机件的内部结构，常用的有：全剖视图、半剖视图和局部视图，另外还有阶梯剖视图、旋转剖视图、斜剖视图等；使用断面图表达机件某些部位的断面形状和结构，常用的有移出断面和重合断面；还有一些其他规定画法，如局部放大图、断裂视图等。在零件结构表达上还有许多规定和简化画法，如纵向剖切机件上的肋、轮辐及薄壁时，这些结构都不许画剖面符号，而用粗实线将它与邻接部分分开；当零件回转体周向有均匀分布的肋、轮辐、孔等结构不在剖切平面上时，可将这些结构假想旋转到剖切平面位置画出。

　　创建机件的视图、剖视图、断面图、规定画法以及简化画法等，有些可以通过使用图 7-4 所示"视图"工具栏上的某个工具命令直接创建，有些则需要综合使用几个工具命令才能得到，甚至需要通过交互式制图进一步修改完成。

　　本节介绍在 CATIA V5 中用创成式制图方法创建符合国家标准规定的各种视图，如基本视图、向视图、局部视图和斜视图等，同时介绍创建正等轴测图的方法。

创建基本视图、向视图、局部视图、斜视图以及轴测图的工具命令图标位于图 7-4 所示"投影"子工具栏上，局部视图是用"裁剪"子工具栏上的工具对基本视图进行裁切处理后得到的表达局部形状结构的视图。

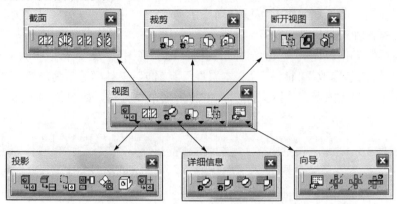

图 7-4　"视图"工具栏及其子工具栏

7.2.1　创建主视图

创成式制图方法是基于实体的主模型创建二维工程图的。在进入"工程制图"工作台后，首先要创建基本视图中唯一不可缺少的，而且是最重要的一个视图——主视图，然后再根据表达需要创建其他的投影视图。

创建主视图的操作方法如下。

(1)打开配套电子文件 ch0702 文件夹中的模型文件"01RegularViews.CATPart"，如图 7-5(a)所示。

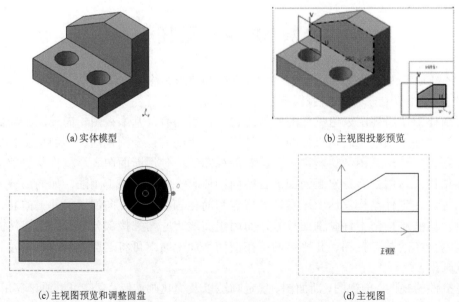

(a)实体模型

(b)主视图投影预览

(c)主视图预览和调整圆盘

(d)主视图

图 7-5　创建主视图

(2)在"开始"下拉菜单中，选择"机械设计"菜单项→"工程制图"级联菜单项，并在

弹出的"创建新工程图"对话框中选择"空图纸"□，进入"工程制图"工作台。(后续默认进入"工程制图"工作台的方法)

(3)单击图 7-4 所示"投影"子工具栏上的"正视图"(主视图)工具命令图标，系统提示"在 3D 几何图形上选择参考平面"。

(4)选择"窗口"下拉菜单中的"01RegularViews.CATPart"，转入"零件设计"工作台，从实体模型上可视化地选择合适的主视图投影平面。选择过程中，当光标移至零件实体上的某一个平面或某个坐标面上时，在窗口界面右下角显示投影预览，如图 7-5(b)所示，帮助设计者选择和判断；一旦确定选择后，系统将自动返回到"工程制图"工作台，并显示主视图预览和一个调整圆盘，如图 7-5(c)所示。

(5)单击调整圆盘的箭头可翻转和旋转主视图预览，调整至满意方位后单击图纸页空白处或圆盘中心按钮，即自动创建得到该实体模型对应的主视图，如图 7-5(d)所示。

在创建得到主视图后，将在"工程制图"工作台左侧结构树"页.1"节点下自动添加一个"正视图"，即所谓的主视图。再看创建所得主视图，有个虚线边框，拖拽该框可改变主视图在图纸上的位置，双击该框可激活视图，允许对图形进行修改或在视图上添加注释。

观察发现该图中缺少很多视图表达中应绘制的图线，如实体上不可见的轮廓线(虚线)以及对称中线和回转轴线(点画线)等。若要显示这些图线，可通过修改该视图的属性来实现。

7.2.2　创建主视图以外的五个基本视图

基本视图是物体向基本投影面投射所得的视图，共有包括主视图在内的 6 个基本视图，另外五个基本视图是：俯视图、左视图、右视图、仰视图和后视图。在 CATIA V5 中，只有创建得到主视图以后，才可以在此基础上使用"投影视图"工具命令创建俯视图、左视图、右视图、仰视图；四个基本视图。具体的操作方法如下。

(1)确认主视图处于激活状态，单击图 7-4 所示"投影"子工具栏上的"投影视图"工具命令图标。

(2)移动光标至主视图的上、下、左、右的某一方位时，将随光标出现一个该投影方向上的虚拟的视图预览。

(3)当确认要创建某一个投射方向的投影后，单击鼠标左键，系统将自动创建得到该投影方向的基本视图。

重复上述操作方法，以主视图为参照可以分别创建得到分布在其上、下、左、右四个不同方位上的四个基本视图，分别是仰视图、俯视图、右视图和左视图。注意：此时主视图处于激活状态，其视图边框线为橘红色，执行"投影视图"命令时是以激活的视图为参照创建其他视图，新创建的视图边框线则为蓝色。

如何创建后视图？从系统设计角度看，以俯视图、左视图、右视图、仰视图分布在主视图周边的四个基本视图中的任意一个为参照，激活它们中的任意一个，用"投影视图"工具命令都可以继续创建不同投影方向的视图，当然也包括后视图。但是，按照现行国家标准规定，六个基本视图按标准位置配置时，后视图应该位于左视图的正右侧。所以，为获得符合标准规定的后视图，只能以左视图为参照，激活该视图(双击其边框线使其由蓝色变为橘红色)，然后通过创建投影视图的方法生成背视图(后视图)。

图 7-6 所示是按上述方法创建得到的按标准位置配置的六个基本视图。

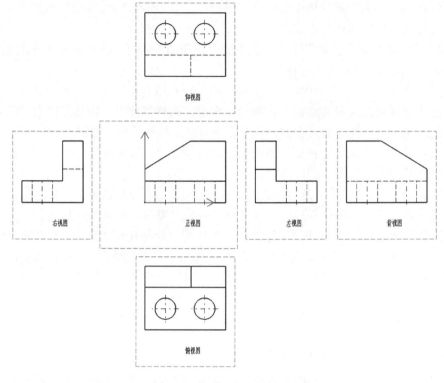

图 7-6　创建六个基本视图

7.2.3　创建向视图

　　向视图是可以自由配置视图位置的基本视图，要求必须标注视图名称"X"和表示投射方向的箭头，并在箭头处注写相同的字母"X"（X 为大写拉丁字母）。

　　在 CATIA V5 中没有直接创建向视图的工具命令，但是，可以把按标准位置配置的某一基本视图，通过移位使其脱离与主视图之间的标准位置配置关系，从而得到向视图。

　　创建向视图的具体操作方法如下。

　　(1)移动光标至将要移位的某一基本视图的虚线边框上，直至光标变为手形 🖐。

　　(2)单击鼠标右键，弹出右键快捷菜单，如图 7-7 所示，选择"视图定位"菜单项的下一级相应的级联菜单项命令，通过四种不同的移位方式移动基本视图，得到向视图。

图 7-7　基本视图边框线的右键快捷菜单

　　例如将图 7-6 所示的六个基本视图中的右视图和仰视图移位到其他位置得到两个向视图（此处未考虑向视图的标注），实现更紧凑的视图布局，如图 7-8 所示。

　　如果要使向视图恢复到其对应基本视图的标准配置位置，可以在该向视图边框线的右键快捷菜单中通过选择"视图定位"→"根据参考视图定位"级联菜单项，来实现复位，如图 7-9 所示。

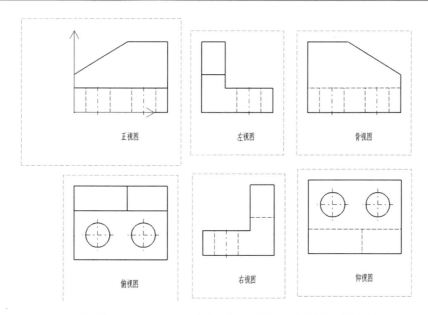

图 7-8 将右视图和仰视图转变为向视图（未考虑向视图的标注）

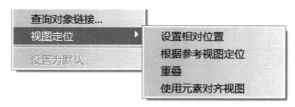

图 7-9 向视图边框线的右键快捷菜单

7.2.4 创建局部视图

局部视图是把机件上某一个需要表达的局部向基本投影面投射所得的视图。在 CATIA V5 中没有直接创建局部视图的工具命令，而是使用图 7-4 所示的"裁剪"子工具栏上的工具命令裁剪某一基本视图得到。因此，在创建局部视图之前也应先创建得到相应投影方向上的某一基本视图。

在使用"裁剪"工具命令处理基本视图时，既可以用圆也可以用多边形将需要表达的局部圈起，裁剪结果将保留圈内的图线而将圈外的修剪掉。

创建局部视图的操作方法如下。

（1）打开配套电子文件 ch0702 文件夹中的模型文件"02PartialView.CATPart"，如图 7-10（a）所示。

（2）进入"工程制图"工作台。

（3）依次创建主视图和左视图，如图 7-10（b）所示。

（4）激活左视图（欲将其裁剪处理成局部视图）。

（5）单击图 7-4 所示的"裁剪"子工具栏上的"裁剪视图轮廓"工具命令图标。

（6）在左视图上依次拾取裁剪多边形的几个顶点，如图 7-11(a)所示。

（7）系统自动裁剪掉多边形以外的图线，生成局部视图，如图 7-11(b)所示。

创建方法

(a)实体模型

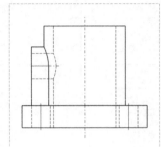
(b)主视图和左视图

图 7-10   创建局部视图的应用实例

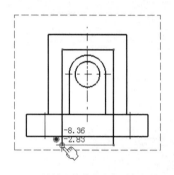
(a)拾取裁剪多边形顶点

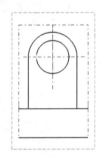
(b)局部视图

图 7-11   创建局部视图的应用实例(续图)

由于局部视图既可以按投影关系配置在原先基本视图所在的位置，又可以配置在图纸的其他地方。所以，在创建得到局部视图后，可以按创建向视图的方法将其移位到合适的位置。可见，创建局部视图实际上是将创建基本视图、裁剪视图及创建向视图三个操作综合处理的一个结果。

7.2.5   创建斜视图

斜视图是机件向不平行于基本投影面的平面投射所得的视图，用于表达机件上倾斜部分外表面的形状。

创建斜视图的操作方法如下。

(1)打开配套电子文件 ch0702 文件夹中的模型文件 "03 AuxiliaryView. CATPart"，如图 7-12(a)所示。

(2)进入"工程制图"工作台。

(3)创建主视图，如图 7-12(b)所示。

(4)单击图 7-4 所示"投影"子工具栏上的"辅助视图"工具命令图标。

(5)拾取主视图上与倾斜表面平行的两点，定义斜视图的投影面，如图 7-12(b)所示。

(6)沿投射方向移动光标，出现虚拟的斜视图投影，移至合适位置，单击鼠标左键，生成斜视图，如图 7-12(c)所示。

创建方法

（7）使用"裁剪"子工具栏上的"裁剪视图轮廓" 工具命令对斜视图进行裁剪，只保留倾斜部分的图形，得到斜视图，如图 7-12(d)所示。

(a)实体模型

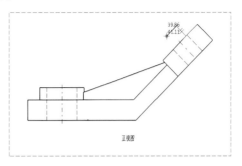

(b)主视图

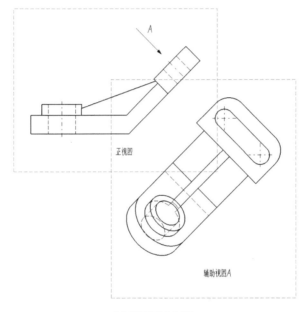

(c)斜视图（未处理）

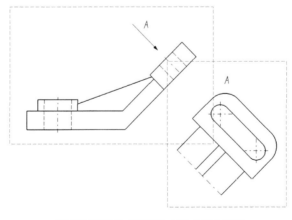

(d)斜视图（裁剪+消隐图名+更改并移动图名）

图 7-12　创建斜视图的应用实例

7.2.6　创建轴测图

工程图中的轴测图常作为辅助视图，便于人们对机件形状和结构的直观了解。

在工程图中创建实体轴测图的方法与创建主视图的类似。在完成实体模型后，创建其轴测图的具体操作方法如下。

(1)进入"工程制图"工作台。

(2)单击图 7-4 所示"投影"子工具栏上的"等轴测视图"工具命令图标回。

(3)切换到对应机件的零件或装配设计工作台，并在机件模型上单击鼠标。

(4)系统将自动返回到"工程制图"工作台，并显示轴测图预览和调整圆盘。

(5)调整至满意方位后单击图纸页空白处或圆盘中心按钮，创建得到轴测图。

7.3　创建剖视图和断面图

本节介绍在 CATIA V5 中创建符合国家标准规定的各种剖视图(全剖视图、半剖视图、局部剖视图、阶梯剖视图、旋转剖视图、斜剖视图等)以及断面图(移出断面和重合断面)。

7.3.1　创建全剖视图

对于内部形状复杂而又不对称的机械零部件或建筑构件，通常拟采用全剖视图表达其内部形状和结构。

创建全剖视图的操作方法如下。

创建方法

(1)打开配套电子文件 ch0702 文件夹中的模型文件"04FullSection.CATPart"，如图 7-13(a)所示。

(2)进入"工程制图"工作台。

(3)依次创建主视图和左视图，如图 7-13(b)所示。

(4)激活左视图。

(5)单击图 7-4 所示"截面"子工具栏上的"偏移剖视图"工具命令图标，并在左视图上剖切平面的起点处单击，拾取第一点，如图 7-13(b)所示的点 S；再在剖切平面的迄点处双击，拾取第二点并完成剖切平面的定义，如图 7-13(b)所示的点 E。

(6)向主视图一侧移动光标，相对于左视图表示自前向后的投射方向，随之出现沿移动方向投射获得的虚拟剖视图投影，至合适位置时单击鼠标左键，即可创建得到主视图的全剖视图"$A\text{-}A$"，如图 7-13(c)所示。

(7)隐藏主视图并移动全剖视图使其靠近左视图，如图 7-13(d)所示。

(8)通过修改全剖视图和左视图的属性，隐藏虚线；通过双击全剖视图中的剖面线，在其属性对话框中修改剖面线的角度及间距，最终得到图 7-13(e)所示的全剖视图。

7.3.2　创建半剖视图

对于具有对称结构的机械零部件或建筑构件，为了兼顾内外形状和结构的表达，拟采用半剖视图。

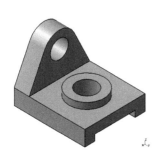

(a)实体模型

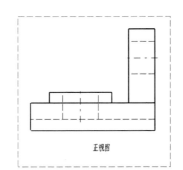

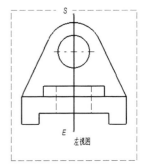

(b)主视图和左视图(剖切位置)

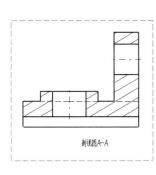

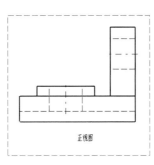

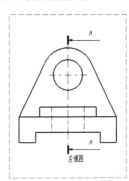

(c)直接创建得到的全剖视图

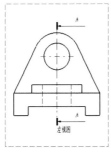

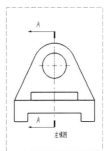

(d)全剖视图(隐藏主视图)

(e)全剖视图(处理后)

图 7-13 创建全剖视图的应用实例

CATIA V5 中没有直接创建半剖视图的工具命令,本书采用一种用两个与投影面平行的剖切平面剖切实体的实现方法。所用的工具命令及操作方法与创建全剖视图的几乎完全一样,区别在于如何定义剖切平面。

创建半剖视图的具体操作方法如下。

(1)打开配套电子文件 ch0702 文件夹中的模型文件"05HalfSection. CATPart",如图 7-14(a)所示。

(2)进入"工程制图"工作台,依次创建图 7-14(b)所示的主视图和俯视图。

(3)激活俯视图。

(4)单击"偏移剖视图"工具命令图标,在俯视图上依次拾取①、②、③及④四个点来定义剖切平面的位置,如图 7-14(c)所示,切记在拾取第④点时双击鼠标以结束拾取。

创建方法

（5）向主视图一侧移动光标，相对于俯视图表示自前向后的投射方向，随之出现沿移动方向投射获得的虚拟剖视图投影，至合适位置时单击鼠标左键，即可创建得到半剖视图。

（6）隐藏虚线和视图边框虚线，并修改剖面线的角度及间距，最终得到图 7-14（d）所示的半剖视图。

(a) 实体模型

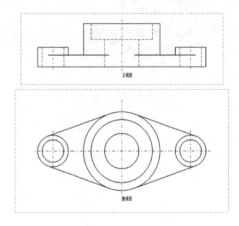

(b) 主视图和俯视图

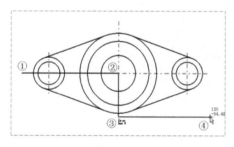

(c) 拾取四点定义剖切位置

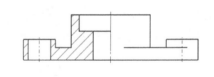

(d) 半剖视图（处理后）

图 7-14　创建半剖视图的应用实例

注意：在定义剖切平面时的四个拾取点的位置，前两点在视图之内剖切平面上，而后两点则在视图之外，为"空"剖。

7.3.3　创建阶梯剖视图

阶梯剖是用几个平行的剖切平面剖切实体而获得剖视图的方法。对于内部结构（如孔、槽等）中心线排列在两个或多个相互平行平面内的实体，采用阶梯剖。

创建阶梯剖所用的工具命令及操作方法与创建半剖的几乎完全一样，具体的操作方法如下。

（1）打开配套电子文件 ch0702 文件夹中的模型文件"06OffsetSection.CATPart"，如图 7-15（a）所示。

（2）进入"工程制图"工作台，依次创建图 7-15（b）所示的主视图和俯视图。

（3）激活俯视图，单击"偏移剖视图"工具命令图标，依次拾取俯视图上的①、②、③及④四个点来定义剖切平面的位置，如图 7-15（c）所示，切记在拾取第④点时双击鼠标以结束拾取。

（4）向主视图一侧移动光标创建阶梯剖视图，如图 7-15（d）所示。

(a) 实体模型

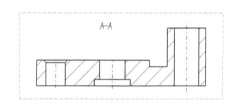

正视图

俯视图

(b) 主视图和俯视图

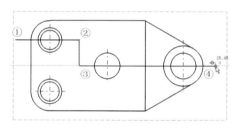

(c) 拾取四点定义剖切位置

A—A

(d) 阶梯剖视图 (处理后)

图 7-15　创建阶梯剖视图的应用实例

7.3.4　创建斜剖视图

斜剖用于表达机件倾斜部分的内部形状和结构。创建斜剖视图所用的工具命令及操作方法与创建全剖视图的几乎完全一样，只是需要定义倾斜的剖切平面，具体的操作方法如下。

(1) 打开配套电子文件 ch0702 文件夹中的模型文件 "07AuxiliarySection.CATPart"，如图 7-16(a) 所示。

创建方法

(a) 实体模型

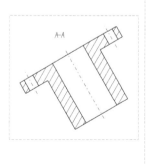

A—A

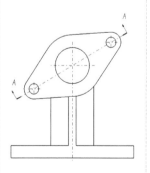

(b) 斜剖视图 (处理后)

图 7-16　创建斜剖视图的应用实例

（2）进入"工程制图"工作台，创建主视图。

（3）单击"偏移剖视图"工具命令图标，通过拾取倾斜分布的两个小孔连线视图外的两点定义剖切位置，然后向左上侧移动光标，生成斜剖视图，如图 7-16（b）所示。

7.3.5　创建局部剖视图

局部剖视图是对机件进行局部剖切以表达该部位内部结构形状的一种剖视图。

创建局部剖视图的工具命令图标位于图 7-4 所示的"断开视图"子工具栏上。

创建局部剖视图的具体操作方法如下。

（1）打开配套电子文件 ch0702 文件夹中的模型文件"08Broken-outSection. CATPart"，如图 7-17（a）所示。

（a）实体模型

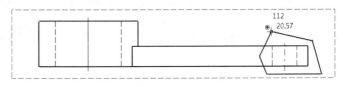

（b）主视图及封闭的多边形剖面区域

（c）3D 查看器

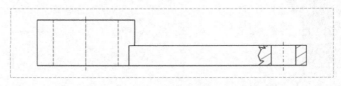

（d）局部剖视图

图 7-17　创建局部剖视图的应用实例

（2）进入"工程制图"工作台，创建主视图。

（3）单击"断开视图"子工具栏上的"剖面视图"工具命令图标，并在主视图上要创建局部剖视图的区域(右端孔)拾取几个点, 形成封闭的多边形, 定义局部剖切平面及剖切范围, 如图 7-17(b)所示, 并弹出图 7-17(c)所示的"3D 查看器"视窗, 可视化地显示剖切平面位置。

(4)在"3D 查看器"视窗内, 可以旋转、缩放或平移实体, 也可拖动剖切平面调整其位置; 如果选择窗口左下角的"动画"复选框, 则当光标移至其他视图时, 画面会自动翻转到该视图的投影方位。

(5)单击"确定"按钮, 生成局部剖视图, 如图 7-17(d)所示。

7.3.6　创建旋转剖视图

旋转剖是用两个相交的剖切平面剖切机件的方法。

创建旋转剖的具体操作方法如下。

(1)打开配套电子文件 ch0702 文件夹中的模型文件"09AlignedSection. CATPart", 如图 7-18(a)所示。

(a)实体模型

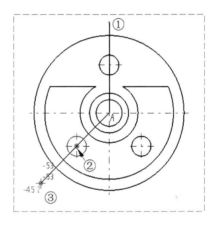

(b)主视图及两个相交的剖切平面

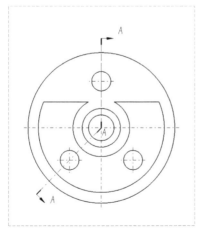

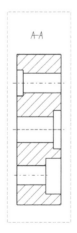

(c)旋转剖视图(处理后)

图 7-18　创建旋转剖视图的应用实例

(2)进入"工程制图"工作台, 创建主视图, 如图 7-18(b)所示。

(3)单击图 7-4 所示"截面"子工具栏上的"对齐剖视图"工具命令图标, 并在主视图

上依次拾取点①和点 *A*，在捕捉到点②处的圆心后，移动光标到实体外点③处并双击，完成定义两个相交的剖切平面，如图 7-18(b) 所示。

(4) 向右移动光标至适当位置，单击鼠标左键，生成旋转剖视图，修改剖切符号及剖面线的属性，修改剖视图的名称并移位，最终得到图 7-18(c) 所示的旋转剖视图。

7.3.7 创建移出断面

移出断面用来表达机械零件或建筑构件某部分截断面的结构形状，通常绘制在视图之外。

创建移出断面的具体操作方法如下。

(1) 打开配套电子文件 ch0702 文件夹中的模型文件"10RemovedSection. CATPart"，如图 7-19(a) 所示。

(2) 进入"工程制图"工作台，创建主视图，如图 7-19(b) 所示。

(3) 单击图 7-4 所示"截面"子工具栏上的"偏移截面分割"工具命令图标 ，并在主视图上先拾取点①，再在点②处双击，完成定义剖切平面，如图 7-19(b) 所示。

(4) 向右移动光标至适当位置，单击鼠标左键，生成移出断面，修改剖切符号及剖面线的属性，移动并双击修改剖视图名称，最终得到符合国家标准的移出断面，如图 7-19(c) 所示。

(a) 实体模型

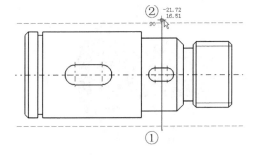

(b) 主视图及依次拾取两点定义剖切平面

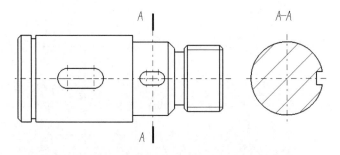

(c) 移出断面(处理后)

图 7-19 创建移出断面的应用实例

7.3.8 创建重合断面

重合断面用来表达机件某部分截断面的结构形状，通常重合绘制在视图之内。

在 CATIA V5 中没有直接创建重合断面的工具命令，但可以先创建得到移出断面，并按国家标准要求将其断面轮廓线修改成细实线，再移至视图内的剖切位置处，与视图重合绘制在一起，得到重合断面。

创建重合断面的具体操作方法如下。

（1）打开配套电子文件 ch0702 文件夹中的模型文件"11RevolvedSection.CATPart"，如图 7-20（a）所示。

（2）进入"工程制图"工作台，创建主视图及移出断面，如图 7-20（b）所示。

（3）按住 Ctrl 键选择移出断面全部可见轮廓线，在图 7-4 所示的"图形属性"工具栏中，将其线宽由粗实线（2：0.35）改为细实线（1：0.13），并隐藏视图名称，如图 7-20（c）所示。

（4）向左移动移出断面至剖切位置处，修改剖切符号及剖面线的属性，得到符合国家标准的重合断面，如图 7-20（d）所示。

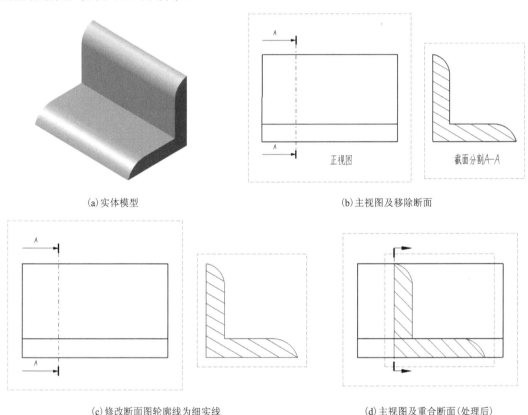

（a）实体模型　　（b）主视图及移除断面

（c）修改断面图轮廓线为细实线　　（d）主视图及重合断面（处理后）

图 7-20　创建重合断面的应用实例

7.4　创建局部放大图和断开视图

本节介绍用创成式制图方法创建符合国家标准要求的局部放大图和断开视图。

7.4.1　创建局部放大图

局部放大图适用于把机件视图上某些表达不清楚或不便于标注尺寸的细节用放大比例画出时使用。在 CATIA V5 中，需要放大绘制的局部既可以用圆也可以用多边形圈出，在此只介绍圆引出方法。仍以图 7-19 所示的实体为例，在创建得到主视图后，创建该机件左端环形槽的局部放大图，具体操作方法如下。

(1) 激活主视图，单击图 7-4 所示"详细信息"子工具栏上的"详细视图"工具命令图标 。

(2) 在欲放大的环形槽部位拾取一点作为圆心，拖动鼠标出现一个圈出圆，至其大小适当时单击左键，得到一个引出圆 A；当向别处移动光标时，显示被圈部分的局部放大图预览，移至合适位置时单击鼠标左键，得到局部放大图，如图 7-21(a) 所示。

(3) 默认的局部放大图放大比例是"2∶1"，可通过修改视图"属性"对话框中的比例值来更改放大比例。因视图中仅一处局部放大，故隐藏指引线及标记 A，并更改局部放大图名称为比例值"2∶1"，如图 7-21(b) 所示。

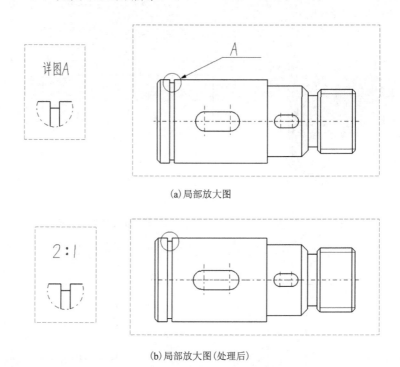

(a) 局部放大图

(b) 局部放大图(处理后)

图 7-21　创建局部放大图的应用实例

7.4.2　创建断开视图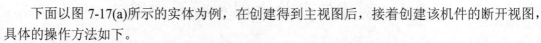

对于较长且沿长度方向形状一致或按一定规律变化的机械零件或建筑构件，如轴、型材、连杆、柱和梁等，常采用将视图中间的一部分截断并删除，余下两部分靠近绘制，即所谓的"断开"画法，这样可以有效节省图幅面积。

下面以图 7-17(a) 所示的实体为例，在创建得到主视图后，接着创建该机件的断开视图，具体的操作方法如下。

(1) 激活主视图，单击"断开视图"子工具栏上的"局部视图"工具命令图标 。

(2) 在主视图上欲截断的第一个截面处的视图内拾取一点，再在视图外拾取另外一点，确定第一个截面的位置，此时显示代表该截面的一条绿色线。

(3) 再在欲截断的第二个截面处的视图内拾取一点，以确定第二个截面的位置，此时显示代表第二个截面的另一条绿色线，如图 7-22(a) 所示。

(4) 在图纸页的任意位置单击鼠标左键，位于两条绿色线之间的视图将被删除，剩下两部分靠近画出，生成断开视图，如图 7-22(b) 所示。

创建方法

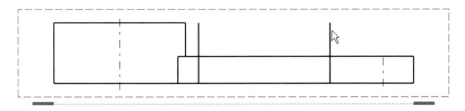

(a)定义两处截断面的位置

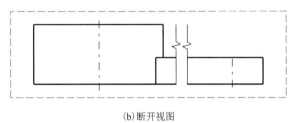

(b)断开视图

图 7-22 创建断开视图的应用实例

7.5 修 改 视 图

本节主要介绍如何修改图纸与视图的属性，如何更改视图的投影方向，如何定位视图等，这些内容对创建符合国家标准规定的工程图样尤为重要。

7.5.1 修改图纸的属性

进入"工程制图"工作台后，在创建图纸页中的视图之前，应该首先设定投影方法，然后再对图纸页的名称、绘图比例、图纸幅面及格式等属性进行设定。在制图过程中，也可根据设计表达需要随时对图纸页的上述相关属性进行修改，具体操作方法如下。

(1)在左侧结构树对应图纸页名称(如"页.1")上单击右键，出现光标快捷菜单。

(2)选择"属性"菜单项命令，弹出图 7-23 所示的图纸页"属性"对话框，可根据表达

图 7-23 图纸页"属性"对话框

需要对图纸页名称、绘图比例、图纸幅面及格式等属性进行修改和重新设定。

　　需要强调的是，在制图之前就应该选好投影方法，我国现行国家标准默认采用第一角投影法，用这种投影法制图时无须在图纸标题栏绘制其标识符；但是，根据合同需要，也可选择第三角投影法制图，而且需要在标题栏绘制其标识符。

7.5.2　修改视图的属性

　　在创建得到视图后，往往需要对视图中是否显示虚线、轴线、圆角等进行处理，或者需要调整某一个视图的绘图比例和视图方向(如斜视图)，甚至需要"锁定"视图不许更改(如对机件上的肋板纵向剖切后，标准要求按不剖处理，但需人为添加粗实线与邻接部分分开，必须进行交互式制图更改，而后应锁定视图，避免更新操作的影响)。针对视图的这些属性，可以按如下方法进行修改操作：

　　(1)在视图的边框线上或者结构树对应的视图名称上单击右键，出现光标快捷菜单。

　　(2)选择"属性"菜单项命令，弹出图 7-24 所示的视图"属性"对话框，可根据具体视图表达需要，在相关栏对视图的相关属性进行修改。

图 7-24　视图"属性"对话框

　　当然，上述视图属性也可以在开始制图前统一设置，通过单击"工具"下拉菜单→"选项..."菜单项→"机械设计"→"工程制图"，在"布局"、"视图"等相关选项卡中完成相关视图属性的统一设置。

7.5.3　重新定义视图

　　在创成式制图过程中，有时需要改变主视图的投影方向，或者更改剖视图的剖切位置，这就有必要对视图进行重新定义。

1）重新定义主视图

创成式制图创建实体主视图的关键是确定其投影方向和在投影体系中的摆放位置。

当采用图 7-1(a)所示"新建工程图"对话框中的"空图纸"  进入"工程制图"工作台，再用"正视图"工具命令 创建主视图时，可以按操作步骤选定好投影方向和摆放位置。但是，如果选择另外三种视图布局（"所有视图" 、"正视图、仰视图和右视图" 以及"正视图、俯视图和左视图" ）之一，创建得到的主视图往往会不尽如人意，需要重新定义。

修改主视图投影方向和摆放位置的操作方法如下。

(1) 在主视图边框上单击右键，出现图 7-25 所示的右键快捷菜单，选择"正视图对象"→"修改投影平面"级联菜单项。

(2) 按提示切换至零件实体模型或产品装配模型，重新选择投影平面。

(3) 在系统自动返回到工程图工作台后，通过方向圆盘调整视图方位，完成主视图的重新定义。

(4) 单击"更新当前图纸"工具命令图标 ，或者选择"编辑"下拉菜单中的"更新当前图纸"菜单项，与主视图相关联的其他所有的投影视图将随之得以更新。

2）重新定义斜视图

重新定义斜视图，即修改斜视图的投影平面及投影方向，具体操作方法如下。

(1) 双击斜视图标记符号（箭头），或者在图 7-26(a)所示的标记符号右键快捷菜单中选择"标注(辅助视图).1 对象"→"定义..."级联菜单项命令，系统将转入修改斜视图定义的轮廓编辑界面。

(2) 单击图 7-26(b)所示的"编辑/替换"工具栏上的"替换轮廓"工具命令图标 ，可以重新定义斜视图投影面；而单击"反转轮廓方向"工具命令图标 ，则可改变投影方向。

(3) 单击"结束轮廓编辑"工具图标 ，系统会返回到工程制图工作台，完成斜视图的重新定义。

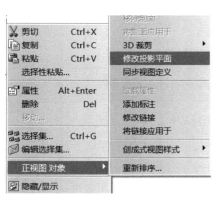
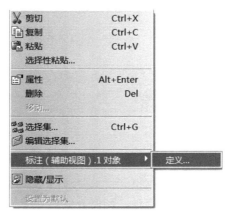

(a) 标记符号的右键快捷菜单　　　(b) "编辑/替换"工具栏

图 7-25　主视图右键快捷菜单　　　图 7-26　重新定义斜视图

3）重新定义剖视图及断面图

重新定义剖视图及断面图，即重新定义剖切位置及投影方向，其操作方法与重新定义斜视图的相同。双击剖切符号进入轮廓编辑工作界面后，使用"替换轮廓" 工具命令，可以对剖视图或断面图的剖切面位置重新定义；而使用"反转轮廓方向" 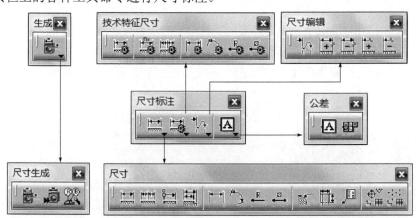 工具命令，则可改变投影方向。

4）重新定义局部放大图

重新定义局部放大图，即重新定义局部圆圈的位置及大小，其操作方法同上。双击局部放大图的圆圈进入轮廓编辑工作界面后，既可以用鼠标直接拖动圆圈上的特征点来调整其大小和圆心位置，也可以使用"替换轮廓"工具命令 重新绘制局部放大图的圆圈。

7.5.4　修改视图的布局

由创成式制图方法创建的视图与主视图之间是按基本视图标准配置布局的，相互间保持着"长对正、高平齐"的对齐关系。在设计制图时，为节省图幅，往往要对视图进行重新布局，将向视图、局部视图、斜视图、斜剖视图等移位到合理的位置。视图移位的方法请参考7.2.3 节向视图的操作方法。

7.6　尺寸标注与注释

创成式制图可以采用两种方式标注尺寸：一种是自动标注，另一种是手动标注。自动标注尺寸可以把在草图中建立的约束、在三维特征创建时建立的约束以及公差等自动转换为工程图中的尺寸；手动标注尺寸其实是一种半自动的标注方式，通过使用图 7-27 所示的"尺寸标注"工具栏上的各种工具命令进行尺寸标注。

图 7-27　"生成"及"尺寸标注"工具栏及其子工具栏

实际操作中，通常根据尺寸多寡，把两种标注方式结合起来使用，进行基本尺寸的标注。

完成基本尺寸标注后，根据设计技术要求再为其添加尺寸公差和形位公差。

本节主要介绍尺寸标注的方法，同时介绍尺寸公差、形位公差、表面粗糙度的标注以及文本注释。

7.6.1　标注基本尺寸

1. 自动标注尺寸

自动标注尺寸的工具命令有两个："生成尺寸" 和"逐步生成尺寸" 。前者可以一次性地生成全部的尺寸，而后者则是逐个地生成尺寸。这两个工具命令图标均位于"生成"工具栏上，如图 7-27 所示。

在自动标注尺寸时，可以使用尺寸过滤器确定标注尺寸的类型，需要事先设置：选择"工具"下拉菜单→"选项..."菜单项→"选项"对话框→机械设计→工程制图→"生成"选项卡中的"生成前过滤"复选框。

设置好尺寸过滤器后，无论使用哪种自动标注尺寸的工具命令，在激活命令后都将首先弹出"尺寸生成过滤器"对话框，如图 7-28 所示，在该对话框中设置用于尺寸生成的约束类型和选项，单击"确定"按钮，自动生成尺寸。

如果使用"生成尺寸" 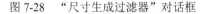工具命令标注尺寸，将会一次性地生成所有的尺寸(注意：仅可以从 3D 零件的距离、长度、角度、半径和直径等约束一次性生成尺寸)；如果使用"逐步生成尺寸" 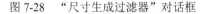工具命令生成尺寸，将会显示"逐步生成"对话框，如图 7-29 所示，单击"下一个尺寸生成"按钮▶，逐步标注尺寸，直到标注全部尺寸，该对话框才消失。后一种标注的优点是在标注过程中可以人工干预，决定尺寸取舍和尺寸位置。

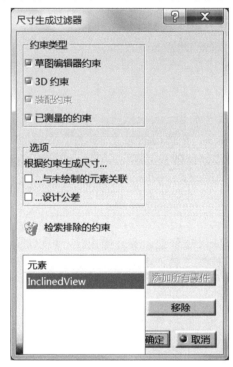

图 7-28 "尺寸生成过滤器"对话框

图 7-29 "逐步生成"对话框

2. 手动标注尺寸

CATIA V5 提供了丰富的尺寸标注命令，主要位于"尺寸标注"工具栏中的"尺寸"子工具栏中，如图 7-30 所示。使用这些工具命令可以满足一般的尺寸标注需求，如标注线性尺寸、角度尺寸、半径尺寸、直径尺寸等，甚至可以进行连续尺寸、累积尺寸、基线尺寸、倒角尺寸、螺纹尺寸、点坐标尺寸、孔尺寸表、点坐标表等的标注。

标注尺寸的方法是：首先，单击"尺寸"子工具栏中所需工具命令图标；其次，在出现的图 7-31 所示的"工具控制板"工具栏中选择要求的标注形式选项；再选择视图中的标注对象；最后，移动尺寸至合适位置，单击确认，完成标注。

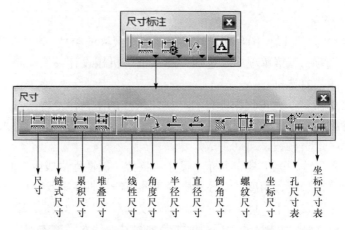

图 7-30　"尺寸标注"工具栏及其"尺寸"子工具栏

图 7-31　"工具控制板"工具栏

3. 修改尺寸

通过拖动来调整尺寸线和尺寸数字的位置；单击尺寸箭头，改变指向；要添加尺寸之前或之后的文本，在尺寸右键快捷菜单中选择"属性"菜单项，在弹出的尺寸"属性"对话框中的"尺寸文本"选项卡中修改，如图 7-32 所示；使用操作器修改尺寸超限/消隐，或使用 Ctrl 键仅修改一条尺寸界线。

7.6.2　标注尺寸公差

完成基本尺寸标注后，即可根据设计要求为其添加尺寸公差。实际操作时，可以通过两种方式添加尺寸公差：一种是在图 7-3 所示"尺寸属性"工具栏中为尺寸添加公差；另一种是在图 7-32 所示尺寸"属性"对话框中的"公差"选项卡中添加公差。

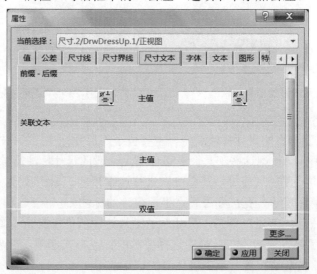

图 7-32　尺寸"属性"对话框——"尺寸文本"选项卡

下面重点讲解通过"尺寸属性"工具栏为尺寸添加公差的方法。选择某一尺寸后,"尺寸属性"和"数字属性"两个工具栏上的文本框都被激活,如图 7-33 所示,通过选择相关下拉列表中的选项添加公差,图 7-33 中自左向右的下拉列表中选项的含义如下。

① 尺寸数字标注形式。

② 公差样式,系统预定义了 23 种,想添加哪种标注,一目了然,如添加上下偏差值 **10±⅝** ISONUM、零件图尺寸公差带代号 **10H7** ISOALPH1、装配图配合尺寸公差带代号 **10H7** ISOALPH2 以及同时添加公差带代号和上下偏差 **H7±⅝** ISOCOMB 等。

③ 公差带代号或偏差值,不同的公差样式对应的下拉列表内容也随之变化。

④ 偏差的单位制式,通常选择默认的公制格式"NUM.DIMM"。

⑤ 偏差值的精度,国家标准一般要求精确到小数点后三位数,即 0.00100。

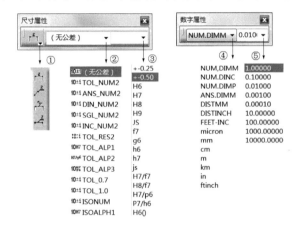

图 7-33　"尺寸属性"和"数字属性"工具栏

7.6.3　标注形位公差

标注形位公差的工具命令图标位于图 7-27 所示的"尺寸标注"工具栏中的"公差"子工具栏中。

1. 标注公差框格

几何公差即形位公差,在零件图上多以公差框格形式标注,具体操作方法如下。

(1) 单击"公差"子工具栏中的"形位公差"工具命令图标。

(2) 选择视图上要标注形位公差的一个要素(几何要素或尺寸),或者在视图中某一区域内单击,以确定形位公差框格引线的定位点,随后出现一个形位公差框格预览,当拖动鼠标时在定位点与预览框格之间出现一条可弹性伸缩的指引线,所选要素不同,其标注形式也有所不同,如图 7-34 所示。

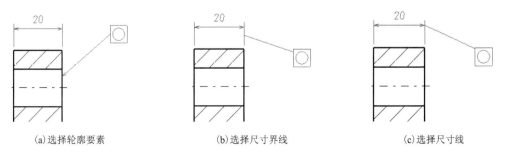

(a) 选择轮廓要素　　　　　　(b) 选择尺寸界线　　　　　　(c) 选择尺寸线

(d) 按 Shift 键并选择要素　　　　(e) 选择尺寸数字　　　　(f) 在区域内单击

图 7-34　选择不同要素时对应出现的形位公差标注形式

(3) 移动框格预览至满意位置，单击鼠标左键，出现"形位公差"对话框，如图 7-35 所示。

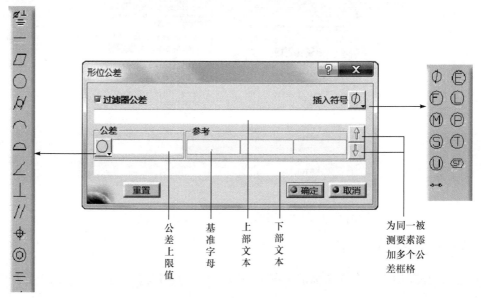

图 7-35　"形位公差"对话框

(4) 按设计要求依次选择形位公差项目代号，键入公差值，选择基准等，单击"确定"按钮，得到图 7-36(a) 所示的初始标注。

(5) 拖动调整形位公差框格及指引线的位置。

(6) 单击指引线，在其引出点黄色菱形操作器的右键快捷菜单中选择"符号形状"→实心箭头，为指引线添加箭头，最终的形位公差标注效果如图 7-36(b) 所示。

要修改形位公差标注，只需在已有标注上双击鼠标，即可在弹出的对话框中对其参数进行重新定义。

2. 标注基准符号 Ⓐ

标注基准符号的具体操作方法如下。

(1) 单击"公差"子工具栏中的"基准特征"工具命令图标 Ⓐ。

(2) 选择视图上标注要素 (几何要素或尺寸)，随之出现基准符号预览，拖动鼠标调整指引线的长短，至合适位置后单击确认，将会出现"创建基准符号"对话框，如图 7-37 所示。

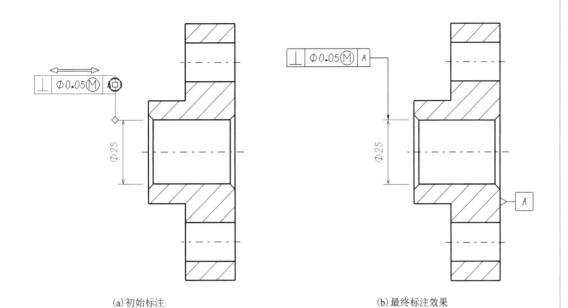

(a)初始标注   (b)最终标注效果

图 7-36 形位公差标注示例

(3)在文本编辑框中键入基准字母,单击"确定"按钮,完成标注,如图 7-36(b)所示。

如同修改形位公差框格标注一样,单击已有基准标注,通过拖动改变其标注位置;双击已有基准标注,在弹出的"修改基准符号"对话框中键入新的基准字母,如图 7-38 所示。

图 7-37 "创建基准符号"对话框

图 7-38 "修改基准符号"对话框

7.6.4 标注表面结构符号

标注表面结构符号的工具命令图标位于图 7-27 所示的"标注"工具栏上的"符号"子工具栏中。标注表面结构符号的具体操作方法如下。

(1)单击"符号"子工具栏上的"粗糙度符号"工具命令图标。

(2)选择欲标注的表面轮廓线或尺寸,随之出现一个标注符号预览并弹出"粗糙度符号"对话框,如图 7-39 所示。

(3)按设计技术要求定义对话框中各个字段的参数选项及数值,将同步显示标注效果预览,满意后单击"确定"按钮,完成标注。

拖动已有的表面粗糙度符号,可以改变其标注位置;双击标注符号,可在弹出的"粗糙度符号"对话框中对其参数进行重新定义。

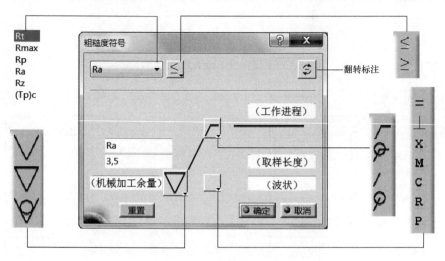

图 7-39 "粗糙度符号"对话框

7.6.5 文字注释 T

文字注释工具命令图标 T 位于图 7-27 所示的"标注"工具栏上的"文本"子工具栏中。在视图上添加文字的具体操作方法如下。

(1) 激活要添加文字的视图。

(2) 单击"文本"子工具栏上的"文本"工具命令图标 T。

(3) 单击指定文本的定位点,弹出"文本编辑器"对话框,如图 7-40 所示。

图 7-40 "文本编辑器"对话框

(4) 键入文字,也可从剪贴板中粘贴文本,在"文本属性"工具栏中设置字体、字高、格式和对齐方式等。

(5) 单击"确定"按钮,"文本编辑器"对话框消失,可继续拖动改变文本位置,调整文本框边界,直至满意,在边框外单击,完成文字注释。

按上述方法添加的文字属于当前激活的视图,是当前视图的一个组成部分,其位置会随视图位置的改变而变动。如果希望所注写的文字不依赖于某个已有视图而独立存在,可以在图纸页中插入一个文本专属的新建视图(创建方法见 7.7.1 小节),激活该视图并按上述方法在其上添加文字。工程图样上的"技术要求"文本段落就可以这样处理。

文字默认按水平排列,也可以竖直排列。激活"文本"工具命令 T 后,按住 Ctrl 键的同时单击插入文字定位点,随后输入的文字将会成竖直排列。当然,通过编辑文本属性,也可改变已有文本的方向。

双击已有的文本,将弹出附带该文本的"文本编辑器"对话框,可以对文本进行增删、编排等编辑处理。

　　同理，可以使用"文本"子工具栏中的"带引出线的文本"工具命令🖊标注引线文字，在激活该工具命令后，先单击确定引出线的定位点，再单击确定文本的定位点，然后在弹出的"文本编辑器"中键入文字或粘贴文本，单击"确定"按钮，完成带引出线的文本注释。

　　另外，在"文本"子工具栏中还有一个"零件序号"工具命令图标⑥，通常用于在产品装配图上标注零部件的序号。其操作方法类似于"带引出线的文本"工具命令，在激活命令并分别单击确定引出线和文本的定位点后，会弹出图 7-41 所示的"创建零件序号"对话框，键入相应序号数值，单击"确定"按钮，完成零件序号的注释。

图 7-41　"创建零件序号"对话框

7.7　交互式制图

　　本节介绍一些交互式制图方法，主要包括：如何新建视图、新建图纸、新建详图、绘制和编辑 2D 几何图形、创建修饰元素等。

7.7.1　新建视图▦

　　"新建视图"▦是指在图纸页中创建与实体无关联的视图，类似于大家熟悉的 AutoCAD 中的 2D 视图。单击图 7-3 所示"工程图"工具栏上的"新建视图"工具命令图标▦，单击图纸定义该视图的位置，即可新建一个视图，第一个新建视图默认名称为"正视图"，如图 7-42(a)所示。如果重复执行该命令，在正视图右侧单击定位视图，将新建一个"左视图"；在正视图下面单击定位视图，将新建一个"俯视图"等，如图 7-42(b)所示。显然新建的三个视图是按第一角投影法基本视图标准位置排放的。激活任一视图，即可在其上绘图或注写文字。

(a)新建的第一个视图　　　　　　　　　　(b)新建另外两个视图

图 7-42　"新建视图"工具命令应用实例

7.7.2　新建图纸□

新建工程图文件默认只有一个图纸"页.1"，如图 7-43（a）所示，可以满足一个零件图的需要。但是，对于一个产品的工程图（既有装配图，又有若干零件图），就需要新建图纸。

"新建图纸"工具命令图标□位于图 7-3 所示"工程图"工具栏中的"图纸"子工具栏上，单击该命令图标，即可在当前工程图文件中添加一个新建图纸；重复该命令，可以添加一系列新建图纸，系统自动为其命名为："页.1""页.2""页.3"⋯如图 7-43（b）所示。

（a）一个图纸   （b）多个图纸（3 个）

图 7-43　"新建图纸"工具命令应用实例

为方便图纸管理，可以更改图纸名称，具体操作方法是：选择结构树上的某一图纸右键快捷菜单中的"属性"菜单项，在图 7-44 所示的"属性"对话框中更名。

图 7-44　图纸"属性"对话框

7.7.3　新建详图▣

详图是专门存放"2D 部件"的视图，而"2D 部件"相当于 AutoCAD 中的内部"块"，建筑制图中称为"图例"。一个详图中可以使用上述"新建视图"⊞工具命令添加多个视图，每个视图上都可以绘制一个有特定意义的"块"或"图例"，供其他图纸插入引用。

"新建详图"工具命令图标 位于图 7-3 所示"工程图"工具栏中的"图纸"子工具栏上，单击该命令图标，即可在当前工程图文件中添加一个详图；重复该命令，可以添加一系列新建详图，系统自动为其命名，接续已有图纸名称和序号，并在图纸名称后添加"(细节)"，如"页.4(细节)"，如图 7-45 所示。

为方便图纸管理，可以更改详图名称，其操作方法与更改视图名称的一样。

图 7-45　"新建详图"工具命令应用实例

7.7.4　实例化 2D 部件

"实例化 2D 部件"工具命令用于将详图中某一 2D 部件图形插入到当前视图中。"实例化 2D 部件"工具命令图标 位于图 7-3 所示"工程图"工具栏上，单击该命令图标，先选择相关详图上想要插入引用的 2D 部件实例，再在当前图纸上单击插入点，并通过定义图 7-46 所示"工具控制板"工具栏上的相关命令选项和参数值，完成实例化操作。

图 7-46　"工具控制板"工具栏

7.7.5　绘制和编辑 2D 几何图形

激活图纸或者详图上的新建视图，即可开始绘制和编辑该视图上的 2D 几何图形。

绘图工具命令图标都集中在"几何图形创建"工具栏及其子工具栏上，如图 7-47 所示。而编辑工具命令图标都集中在"几何图形修改"工具栏及其子工具栏上，如图 7-48 所示。这些绘图和编辑修改工具命令的用法在第二章草图管理器工作台中已有详尽讲述，在此不再赘述。

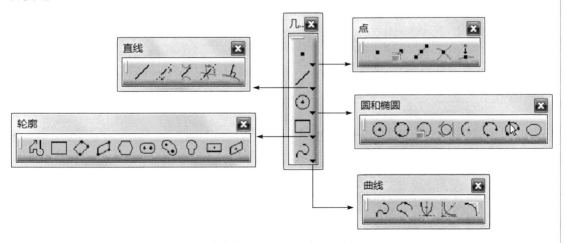

图 7-47　"几何图形创建"工具栏及其子工具栏

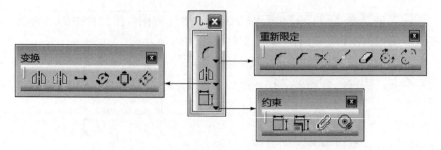

图 7-48　"几何图形修改"工具栏及其子工具栏

7.7.6　创建修饰元素

在交互式绘图时，一些轴线、螺纹线、箭头和剖面线等，需要使用"修饰"工具栏及其子工具栏中的工具命令添加得到，如图 7-49 所示。

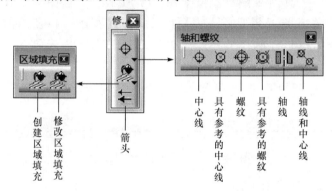

图 7-49　"修饰"工具栏及其子工具栏

1. 中心线⊕和具有参考的中心线⊗

选择已有圆或圆弧，单击图 7-49 所示"轴和螺纹"子工具栏上的"中心线"工具命令图标⊕，即可为其添加上中心线，如图 7-50(a)所示。同理，选择已有圆或圆弧，单击图 7-49 所示"轴和螺纹"子工具栏上的"具有参考的中心线"工具命令图标⊗，再选择事先绘制的参考线，即可为其添加上具有参考的中心线，如图 7-50(b)所示。

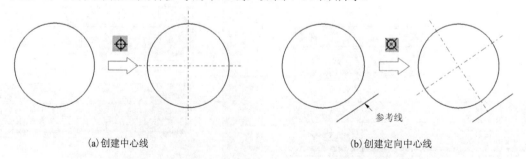

(a)创建中心线　　　　　　　　　　　　　(b)创建定向中心线

图 7-50　"中心线"和"具有参考的中心线"工具命令应用实例

如果同时选择多个圆和圆弧，再执行上述添加中心线的操作，则会同时为其添加中心线。

2. 螺纹⊕和具有参考的螺纹⊗

单击"轴和螺纹"子工具栏上的"螺纹"工具命令图标⊕，将会出现工具控制板，单击选择"内螺纹"⊕或"外螺纹"⊕，再选择已有的圆，将为其添加螺纹，如图 7-51(a)所示；同理，选择"具有参考的螺纹"工具命令图标🔘，在出现的工具控制板中选择"内螺纹"⊕或"外螺纹"⊕，再选择已有的圆，将为其添加"具有参考的中心线"，如图 7-51(b)所示。

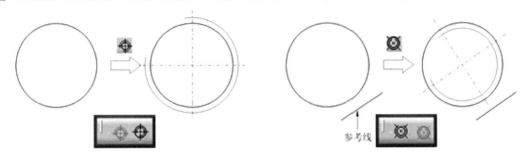

(a)创建内螺纹及中心线　　　　　　(b) 创建定向外螺纹及中心线

图 7-51　"螺纹"和"具有参考的螺纹"工具命令应用实例

3. 轴线▊以及"轴线和中心线"▩

单击"轴和螺纹"子工具栏上的"轴线"工具命令图标▊，再分别选择已有的两条线，将会在两条线之间添加轴线，如图 7-52(a)所示；单击"轴线和中心线"工具命令图标▩，再分别选择已有的两个圆形轮廓，将会为添加轴线和中心线，如图 7-52(b)所示。

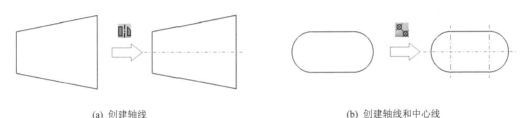

(a) 创建轴线　　　　　　　　　　(b) 创建轴线和中心线

图 7-52　"轴线"以及"轴线和中心线"工具命令应用实例

4. 区域填充▩和修改区域填充▩

单击图 7-49 所示"区域填充"子工具栏上的"区域填充"工具命令图标▩，将会出现工具控制板，若选择其中的"自动检测"🔍，在欲填充的区域内单击，则该区域被填充；若选择其中的"轮廓"🔍，则需依次选择围成一个封闭区域的边界，并在区域内单击，该区域才被填充，如图 7-53 所示。

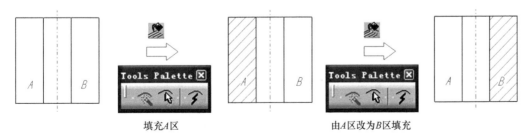

填充A区　　　　　　　　　由A区改为B区填充

图 7-53　"区域填充"和"修改区域填充"工具命令应用实例

更改填充区域的操作方法如下。

(1)单击"区域填充"子工具栏上的"修改区域填充"工具命令图标▩。

(2)选择已有的 A 区填充。

(3) 在出现的工具控制板上选择其中的"自动检测" 🔍 或"轮廓" 🔖。

(4) 选择目标 B 区域，则实现了由 A 区改为 B 区的区域填充，如图 7-53 所示。

双击已有的区域填充，可在弹出的"属性"对话框中对其"角度"及"间距"等参数进行修改。

7.8　创建图框和标题栏

图框和标题栏是图样的重要组成部分，国家标准《技术制图　图纸幅面和格式》（GB/T 14689—2008）对图纸幅面和格式有严格的规定，国家标准《技术制图　标题栏》（GB/T 10609.1—2008）对标题栏的基本要求、内容、格式与尺寸等也作了规定。

进入 CATIA V5 "工程制图"工作台，默认进入到图样绘制的"工作视图"环境，而插入或绘制图框和标题栏的工作则需转入"图纸背景"环境下去完成。

在"工作视图"环境下，单击"编辑"下拉菜单中的"图纸背景"菜单项，可由"工作

图 7-54　"工程图"工具栏

视图"环境转换到"图纸背景"环境。在"图纸背景"环境下，利用图 7-54 所示的"工程图"工具栏中的"框架和标题节点" □ 工具命令，完成图框和标题栏的创建、删除和调整大小等工作。单击"编辑"下拉菜单中的"工作视图"菜单项，则可由"图纸背景"环境返回到"工作视图"环境。

7.8.1　插入图框和标题栏

在"图纸背景"环境下，单击"工程图"工具栏中的"框架和标题节点"工具命令图标 □，弹出图 7-55 所示的"管理框架和标题块"对话框，从"标题块的样式"下拉列表中选择一种样式，并从"指令"选区选择"创建"，单击"确定"按钮，完成系统已有图框和标题栏的插入，如图 7-56 所示。

图 7-55　"管理框架和标题块"工具栏

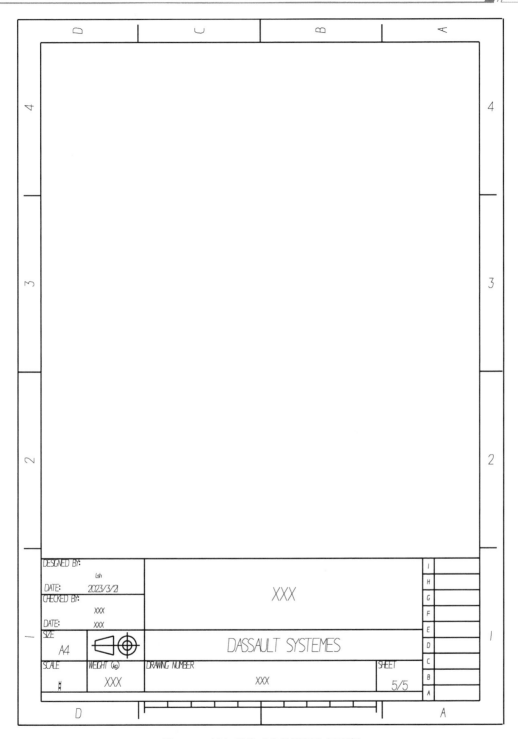

图 7-56　插入系统已有的图框和标题栏

7.8.2　绘制图框和标题栏

由于用 7.8.1 小节的方法插入系统已有的图框和标题栏不符合我国国家标准的规定，所以，可以利用绘图和编辑命令绘制图框和标题栏，如图 7-57 所示。

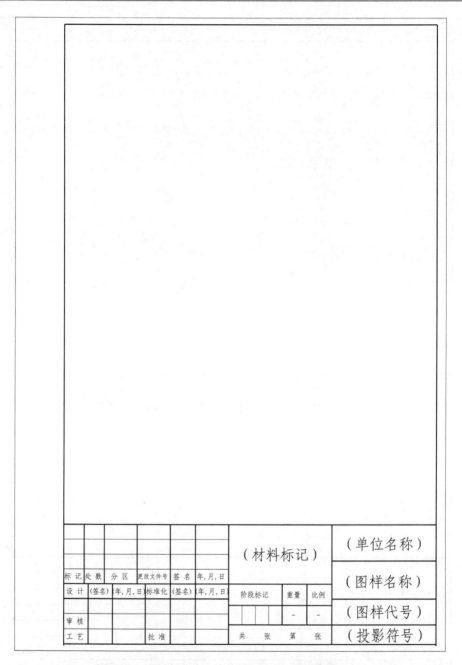

图 7-57　绘制留有装订边的 A4 图幅的图框和标题栏

7.8.3　重用图框和标题栏

　　读者可以按照 7.8.2 小节介绍的方法绘制一系列不同图纸幅面和格式的图框和标题栏，将其存储成样板图文件，供后续创建工程图时重用。

　　重用已有图纸或样板图中的图框和标题栏之前，需要进行必要的设置，选择"工具"下拉菜单→"选项..."菜单项→"选项"对话框→机械设计→工程制图→"布局"选项卡→"新建图纸"区→"复制背景视图"复选框，而"源图纸"默认情况是"第一张图纸"，此处建议选择"其他工程图"单选框，如图 7-58 所示。

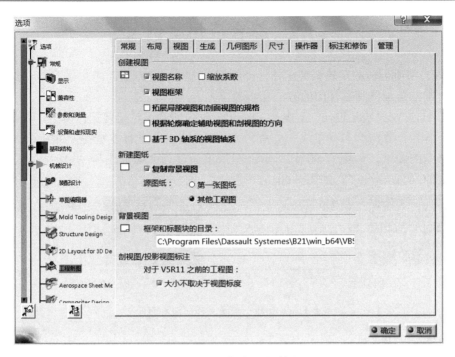

图 7-58　"选项"对话框

　　完成上述复制背景视图设置后,当新建图纸时,会弹出图 7-59 所示的"将元素插入图纸"对话框。既可以通过单击对话框中的"浏览"按钮选择已有工程图文件,也可以在对话框"图纸"下拉列表中选择当前工程图文件中已有的图纸页,重用所选已有工程图文件或已有图纸页的图框和标题栏,把它插入到当前图纸页中。

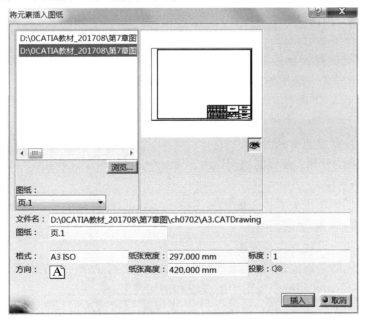

图 7-59　"将元素插入图纸"对话框

　　插入图框和标题栏后,还需要转入"图纸背景"环境,对所插入标题栏中的文字信息进行必要的修改,最终完成重用图框和标题栏的工作。

7.9   综合应用举例

基于 6.7 节所创建的滚轮架装配体，介绍用创成式制图方法创建共存于同一个工程图文件下的该产品的装配图和零件图的方法和步骤。

进入 CATIA V5 "装配设计"工作台，打开图 6-28 所示滚轮架装配体模型，然后进入"工程制图"工作台，系统会自动生成一个命名为"Drawing1"的新工程图，并在该文件中包含一个"页.1"的图纸，如图 7-60(a)所示。图纸重命名为"装配图"，并保存工程图文件为"GunLunJia.CATDrawing"，如图 7-60(b)所示。

(a) 初始状态   (b) 更名后状态

图 7-60   新建工程图的结构树及图纸

7.9.1   创建装配图

在 CATIA V5 "装配设计"工作台，打开已有的滚轮架装配模型，并转入"工程制图"工作台后，创建该产品的装配图。具体的操作方法如下。

1. 创建滚轮架三视图

使用"正视图"工具命令创建滚轮架装配体的主视图，同时使用"投影视图"工具命令创建其左视图和俯视图，如图 7-61 所示。

2. 修改滚轮架三视图

(1)创建主视图的全剖视图。

① 设置在剖切时按不剖绘制的零件，如实心轴以及螺栓、螺母和垫圈等标准件(设置方法是：切换到滚轮架"装配设计"工作台，右击结构树上的零件节点，在其右键快捷菜单中选择"属性"，在"属性"对话框的"工程制图"选项卡中选择"请勿在剖视图中切除"复选框)。

② 隐藏上一步创建的主视图。

③ 激活左视图，使用"偏移剖视图"工具命令，过滚轮架左视图前后对称线位置剖切，创建主视图的全剖视图。

④ 对纵向剖切到的支架零件上的加强筋按不剖处理(隐藏剖面线，绘制加强筋与相邻几何体的分界线，再重新添加剖面线)。

⑤ 双击剖面线，设置方向及间距。

(2)创建左视图的局部剖视图(使用"剖面视图"工具命令，过左侧螺栓轴线剖切)，表达螺栓连接装配关系，并隐藏左视图中的虚线和剖切符号。

(3)隐藏俯视图中的虚线，并对视图进行处理，删除顶板零件以外的其他零件的视图投影，并按规定进行向视图标注(在主视图下方加注 A 向投射箭头，在向视图上方中间位置标注相同的大写拉丁字母 A)。

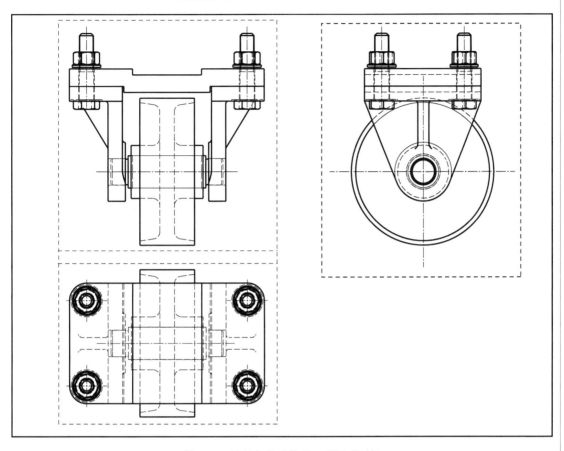

图 7-61　滚轮架装配体的三视图(初始)

按上述方法修改后得到滚轮架装配图中的三个视图,单击"可视化"工具栏上的"显示为每个视图指定的视图框架"工具按钮,消去视图边框线,如图 7-62 所示。

3. 使用尺寸标注命令标注必要的尺寸

如标注性能及规格尺寸(滚轮直径)、安装尺寸(顶板孔距)、配合尺寸(轴孔配合)、总体尺寸等。同时,根据设计技术要求,修改配合尺寸属性,加注尺寸公差。

4. 使用"零件序号" ⑥ 工具命令标注零件序号

5. 添加图框和标题栏

常用以下两种方法。

方法一:单击"文件"下拉菜单→"页面设置..."菜单项→"Insert Background View..."(插入背景视图)→"浏览",选择已有工程图,重用其图框和标题栏。

方法二:单击"编辑"下拉菜单→"图纸背景"菜单项,在图纸背景环境下,使用绘图和编辑命令绘制图框和标题栏,并使用文本命令填写相关文字;或者使用"框架和标题节点" □ 工具命令插入系统已有的图框和标题栏。

本例采用方法一插入 A3 图框和标题栏,并转入"图纸背景"环境填写标题栏内容。

6. 绘制明细栏

转入"图纸背景"环境,使用"表" ⊞ 工具命令插入表格,按规定调整表格的行距和列距,并逐行逐项填写明细栏。

注意:为避免后续更新操作时改变剖视图,可锁定视图(操作方法是:右击结构树上的视

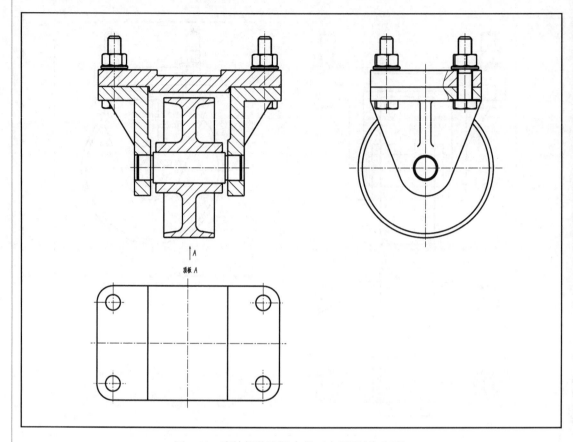

图 7-62　滚轮架装配图中的三个视图（修改后）

图节点，在其右键快捷菜单中选择"属性"，在"属性"对话框中的"视图"选项卡中选择"锁定视图"复选框）。

最终完成的滚轮架装配图如图 7-63 所示。

7.9.2　创建零件图

CATIA V5 创成式制图的最大特点是基于主模型创建与之相关联的工程图，且一个工程图文件下可以包含多个图纸。对一个产品来说，一旦创建得到其装配模型，基于该模型所创建的装配图和组成装配体的零件图都共存于同一个工程图文件下，装配体中任一实体的任一处的改动，都会影响到与之关联的其他实体，进而会影响到相关工程图的改动。

接下来介绍与滚轮架装配图同在一个工程图文件下的零件图的创建方法。

滚轮架装配体包括顶板、支架、轴以及滚轮共四个一般零件，需要创建对应的四个图纸。具体的操作方法如下。

1. 创建图纸并更名

使用"新建图纸"□工具命令在 GunLunJia 工程图文件下添加四个新建图纸，分别是"页.2"，"页.3"，"页.4"和"页.5"，如图 7-64(a) 所示；为方便图纸管理，依次将这四个新建图纸更名为"顶板""支架""轴""滚轮"，如图 7-64(b) 所示，而后在这四个图纸上创建与其图纸名称对应的零件图。

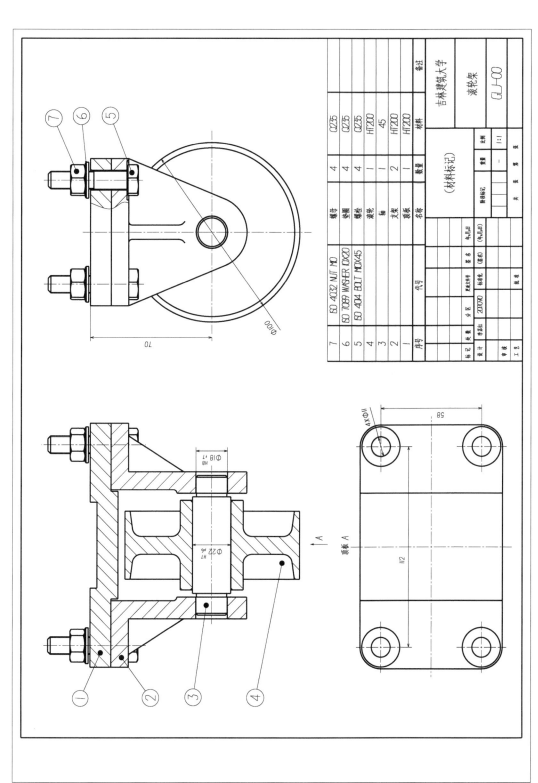

图 7-63　滚轮架装配图

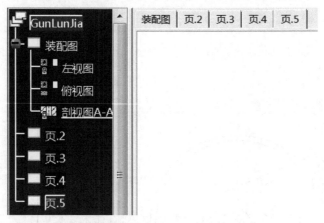

(a) 新建 4 个图纸

(b) 图纸更名

图 7-64　新建四个图纸并更名

2. 创建支架的零件图

(1)激活"支架"图纸。有以下三种方法。

方法一，双击结构树上"支架"节点，激活该图纸。

方法二，单击图纸工作区上部的"支架"图纸。

方法三，选择结构树上"支架"节点右键快捷菜单中的"激活图纸"菜单命令。

(2)创建支架的主视图。

① 单击"正视图" 工具命令。

② 切换到滚轮架装配模型。

③ 双击结构树上支架零件节点"02ZhiJia"。

④ 选择主视图投影面。

⑤ 返回"工程制图"工作台，调整主视图方位，创建得到支架的主视图。

(3)创建支架的左视图和俯视图。确认激活主视图，使用"投影视图" 命令分别创建支架的左视图和俯视图。

至此，创建得到支架的三视图，如图 7-65 所示。

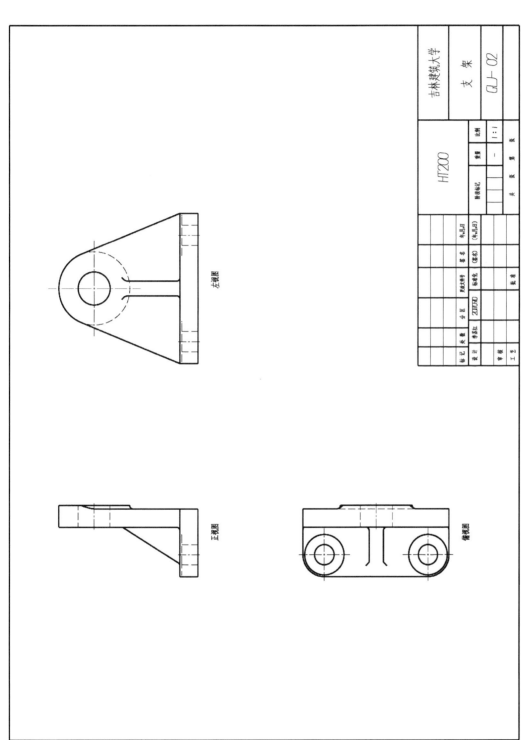

图 7-65　支架的三视图（初始状态）

(4)创建主视图的全剖视图。隐藏步骤(2)创建的支架主视图，激活左视图(或俯视图)，使用"偏移剖视图"▣▣工具命令，过支架左视图(或俯视图)的前后对称线位置剖切，创建得到主视图的全剖视图；由于对支架上加强筋纵向剖切，规定画法按不剖处理；调整剖视图位置使它与俯视图"长对正"。

(5)创建左视图的局剖剖视图。确认激活左视图，使用"剖面视图"▣工具命令，过螺栓孔的轴线剖切，并隐藏左视图中的虚线和剖切符号。

(6)标注尺寸。使用长度、直径、半径等尺寸标注命令标注支架完整的尺寸。

(7)标注技术要求。根据设计加工要求标注零件图技术要求，包括：极限与配合(依据装配图中标注的配合代号)、几何公差(在基本尺寸基础上修改尺寸属性)、零件加工表面结构符号等。(8)插入 A3 图框和标题栏，并填写标题栏中相关的图名、比例、材料代号等信息。

(9)锁定主视图和左视图，避免后续更新操作的影响。

最终完成的支架零件图如图 7-66 所示。

3．创建顶板的零件图

(1)表达顶板用两个视图——主视图和俯视图，使用"正视图"▣▣工具命令创建顶板的主视图，使用"投影视图"▣▣命令创建其俯视图。

(2)在主视图上采用一处局部剖，表达螺栓孔。

(3)标注全部尺寸，添加表面结构符号，注写技术要求。

(4)隐藏两个视图中的虚线，添加相关中心线。

(5)插入 A3 图框和标题栏，并在图纸背景环境下填写标题栏内容。

(6)锁定左视图。

最终完成的顶板零件图如图 7-67 所示。

4．创建轴的零件图

(1)使用"正视图"▣▣工具命令创建轴的一个主视图即可，也无须剖切。

(2)标注尺寸，并为三处轴径添加尺寸公差(参照装配图)；标注几何公差；标注表面结构符号；注写技术要求。

(3)插入 A4 图框和标题栏，纵向，并填写标题栏相关内容。

最终完成的轴零件图如图 7-68 所示。

5．创建滚轮的零件图

(1)使用"正视图"▣▣工具命令创建滚轮的主视图，使用"投影视图"▣▣工具命令创建其左视图。

(2)隐藏主视图，激活左视图，并使用"偏移剖视图"▣▣工具命令过滚轮左视图的前后对称线位置剖切，创建主视图的全剖视图；然后隐藏左视图。

(3)标注尺寸，并为滚轮孔添加尺寸公差(参照装配图)；标注表面结构符号；注写技术要求。

(4)单击"文件"下拉菜单→"页面设置..."菜单项→"Insert Background View..."(插入背景视图)→"浏览"，选择已有滚轮架工程图，重用该工程图中"轴"图纸的 A4 图框和标题栏，并填写标题栏相关内容。

最终完成的滚轮零件图如图 7-69 所示。

至此，创建完成同一个工程图文件下滚轮架的装配图和全部零件图，它们都与滚轮架装配模型相关联。

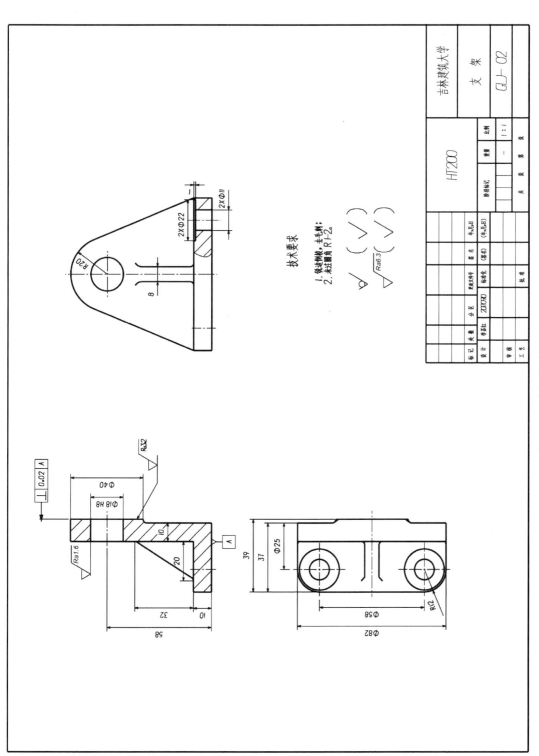

图 7-66　支架的零件图

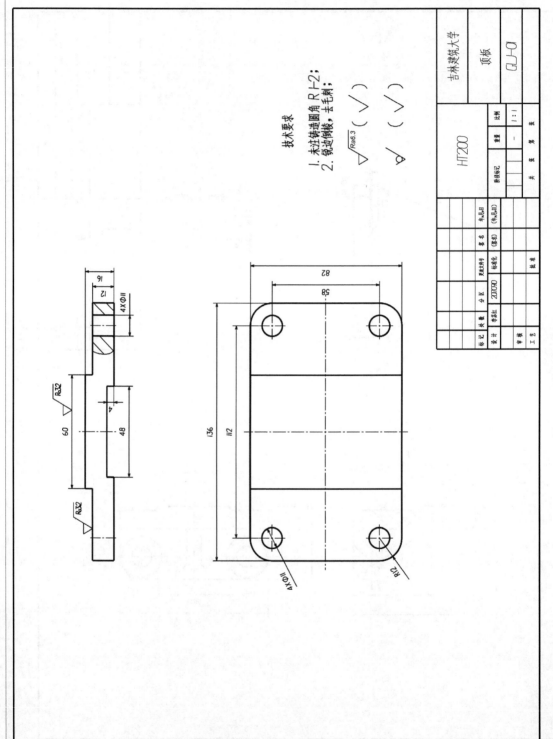

图 7-67　顶板的零件图

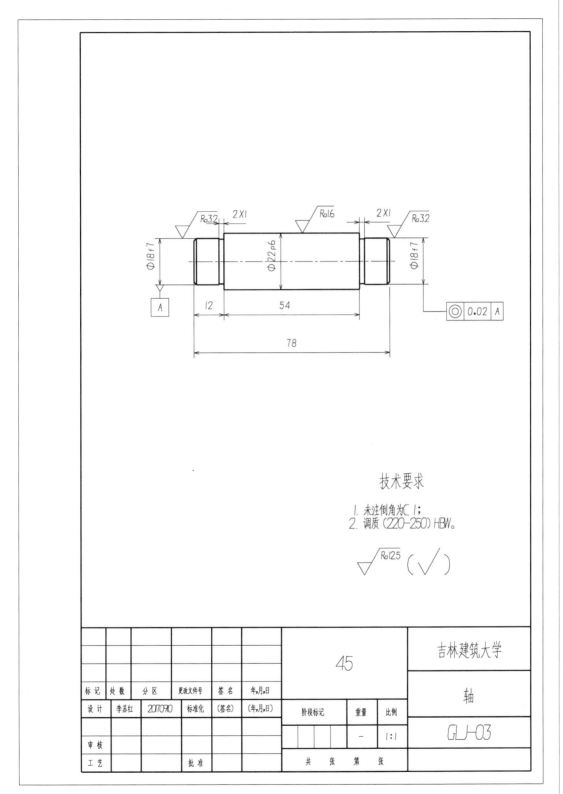

图 7-68　轴的零件图

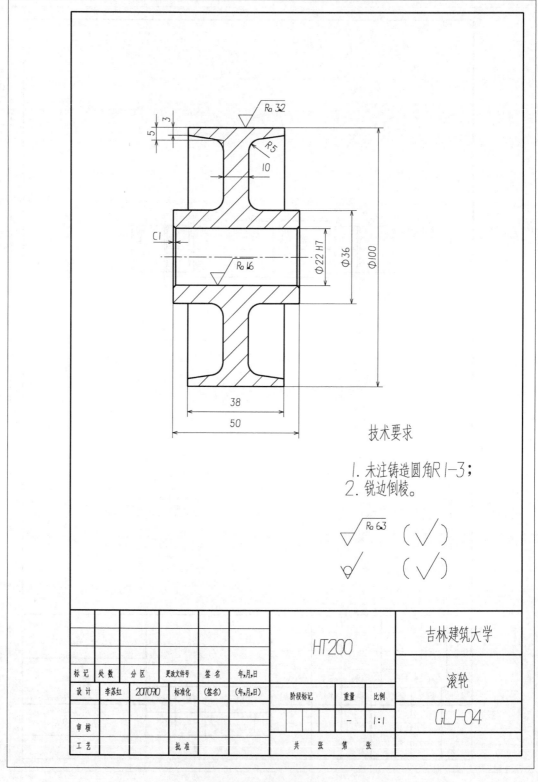

图 7-69 滚轮的零件图

7.10　上　机　实　训

1．实训一

根据图 7-70 所示实体的轴测图和三视图，创建其实体模型；反过来，再由实体模型创建其对应的三视图。

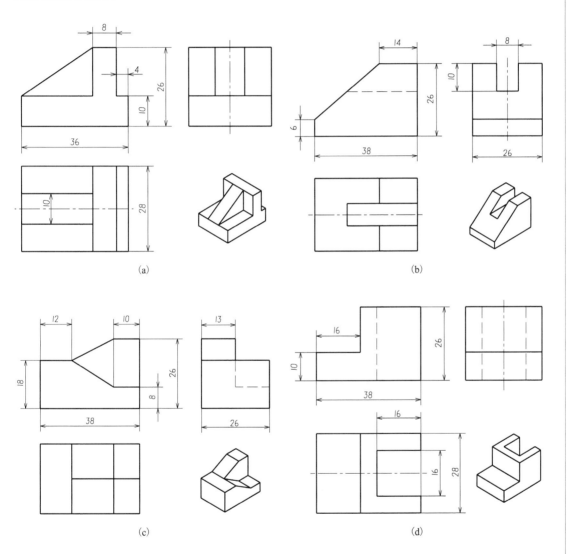

图 7-70　实体模型及其三视图

2．实训二

根据图 7-71 所示机件的轴测图和对应的视图和剖视图，创建其实体模型；反过来，再由实体模型创建其对应的视图和剖视图。

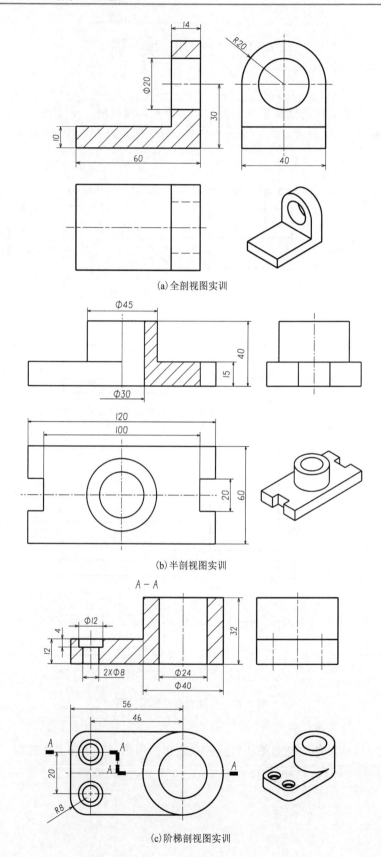

(a) 全剖视图实训

(b) 半剖视图实训

(c) 阶梯剖视图实训

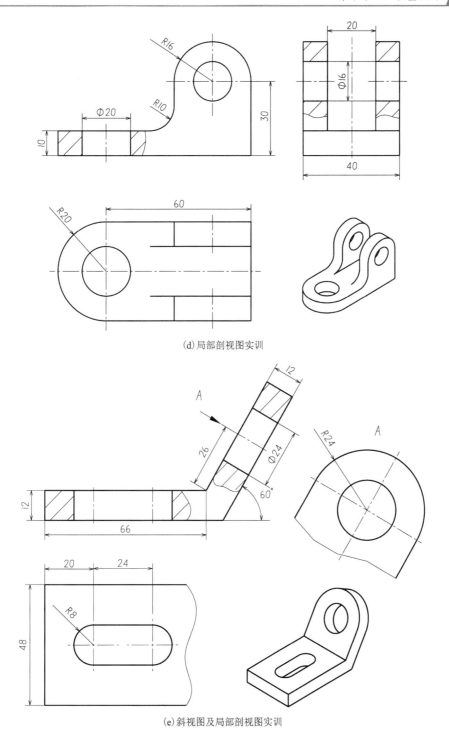

(d)局部剖视图实训

(e)斜视图及局部剖视图实训

图 7-71 机件的视图和剖视图以及轴测图

3. 实训三

根据图 7-72 所示机件的视图和剖视图以及轴测图，创建其实体模型；反过来，再由实体模型创建对应的视图和剖视图，并插入图框和标题栏。

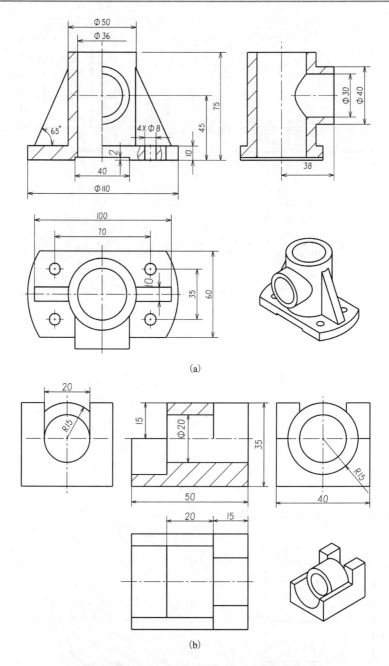

(a)

(b)

图 7-72   机械零件的轴测图以及视图和剖视图

4．实训四

基于图 4-36 所示机件的实体模型，创建对应的零件图，要求根据零件结构特点，拟定合理的表达方案，并插入图框和标题栏。

5．实训五

根据第 6 章上机实训创建得到的螺纹调节支撑的装配体，逆向创建如图 6-39 所示的螺纹调节支撑的工程图（装配图和零件图）。

参 考 文 献

陈炽坤, 杨光辉, 窦忠强, 2016. 工业产品设计与表达习题集. 北京: 高等教育出版社

大连理工大学工程图学教研室, 2013. 机械制图习题集. 6 版. 北京: 高等教育出版社

大连理工大学工程图学教研室, 2016. 现代工程制图习题集. 2 版. 北京: 高等教育出版社

GIESECKE F E, 等, 2005. 工程图学. 8 版. 焦永和, 韩宝玲, 李苏红, 译. 北京: 高等教育出版社

侯洪生, 刘广武, 2014. CATIA V5 机械设计案例教程. 北京: 人民邮电出版社

JENSEN C, 等, 2009. 工程制图基础. 5 版. 窦忠强, 译. 北京: 清华大学出版社

田希杰, 刘召国, 2011. 图学基础与土木工程制图. 2 版. 北京: 机械工业出版社

远方, 刘继海, 王桂梅, 2013. 土木工程图读绘基础习题集. 3 版. 北京: 高等教育出版社

张忠将, 2016. CATIA V5-6 R2015 三维设计入门与提高. 北京: 机械工业出版社

赵鸣, 吕梅, 2012. AutoCAD 工程制图实用教程. 北京: 科学出版社